DEUTSCHE AKADEMIE DER WISSENSCHAFTEN
ZU BERLIN
Forschungsgemeinschaft der naturwissenschaftlichen, technischen
und medizinischen Institute

ÜBER WISSENSCHAFTLICHE GRUNDLAGEN DER MODERNEN TECHNIK

Herausgegeben von

HERMANN KLARE · HANS FRÜHAUF · HANS GUMMEL · EBERHARD LEIBNITZ
ROBERT ROMPE · KURT SCHRÖDER · ERICH THILO

REIHE A: TAGUNGEN

BAND IV

MATHEMATIK UND TECHNIK

AKADEMIE-VERLAG · BERLIN
1962

MATHEMATIK UND TECHNIK

Vorträge,
gehalten auf der Konferenz der Forschungsgemeinschaft
der Deutschen Akademie der Wissenschaften zu Berlin
am 8. und 9. 12. 1961 in Berlin-Adlershof

Mit 68 Abbildungen und 4 Tabellen

AKADEMIE-VERLAG · BERLIN
1962

Redaktion:
Abteilung Presse und Berichtswesen
der Deutschen Akademie der Wissenschaften zu Berlin

Erschienen im Akademie-Verlag GmbH, Berlin W 8, Leipziger Straße 3–4

Lizenznummer: 202 · 100/550/62
Gesamtherstellung: Druckhaus „Maxim Gorki", Altenburg
Bestellnummer: 2104/A/4/62 · ES 18 D/19 C · Preis: DM 21,–

Im Dezember 1961 veranstaltete die Forschungsgemeinschaft der naturwissenschaftlichen, technischen und medizinischen Institute der Deutschen Akademie der Wissenschaften zu Berlin in Berlin-Adlershof innerhalb der Vortragsreihe „Über wissenschaftliche Grundlagen der modernen Technik" ihre vierte Konferenz.

Die Konferenz mit dem Thema „Mathematik und Technik" wurde vom Institut für angewandte Mathematik und Mechanik der Deutschen Akademie der Wissenschaften zu Berlin unter Beteiligung weiterer Forschungsstellen durchgeführt und gliederte sich in die drei Hauptfragenkomplexe „Probleme der Optimierung in Technik und Wirtschaft", „Mathematische Probleme in der Elektroindustrie" und „Mathematische Probleme im Maschinenbau".

Wissenschaftler und Praktiker vermittelten in Vorträgen einen Einblick in den Stand der Anwendung mathematischer Methoden in einigen Zweigen der Volkswirtschaft der Deutschen Demokratischen Republik. Da diesen Fragen namentlich in Auswertung des 14. Plenums des Zentralkomitees der Sozialistischen Einheitspartei Deutschlands wesentliche Bedeutung zukommt, dürfte der vorliegende Band mit den Konferenzmaterialien einen fördernden Beitrag zur Verbesserung der sozialistischen Leitungstätigkeit auf dem Gebiet der ökonomischen und technischen Entwicklung auf wissenschaftlicher Basis darstellen. Er soll helfen, eine Forderung des 14. Plenums zu erfüllen: Größere Produktion in bester Qualität mit geringstem Aufwand zu erzielen.

INHALTSVERZEICHNIS

Akademiemitglied Prof. Dr. HERMANN KLARE
Vorsitzender des Kuratoriums und des Vorstandes der Forschungsgemeinschaft der Deutschen Akademie der Wissenschaften zu Berlin

BEGRÜSSUNG UND ERÖFFNUNG DER KONFERENZ „MATHEMATIK UND TECHNIK"

Dank der Initiative von Mathematikern der Deutschen Akademie der Wissenschaften zu Berlin und der Industrie war es möglich, noch zu Ende dieses Jahres eine dritte Konferenz der Reihe „Über wissenschaftliche Grundlagen der modernen Technik" durchzuführen. Im Namen des Vorstandes der Forschungsgemeinschaft der Deutschen Akademie der Wissenschaften zu Berlin heiße ich Sie hier im Forschungszentrum in Berlin-Adlershof herzlich willkommen und danke Ihnen, daß Sie der Einladung zu dieser Konferenz so zahlreich gefolgt sind. Wir leiten allein aus dieser Tatsache ab, daß der Vorstand mit dem Beschluß, Konferenzen über wissenschaftliche Grundlagen der modernen Technik durchzuführen, einem echten Bedürfnis von Wissenschaft und Praxis nahegekommen ist.

Als Chemiker behandle ich lieber ein Thema meines Fachgebietes. Ich habe wenig Übung im Halten von Begrüßungsreden, aber es ist mir ein aufrichtiges Bedürfnis, Ihnen als uns willkommenen Gästen den Eindruck zu vermitteln, daß wir bemüht sind, eine Atmosphäre zu schaffen, in der Sie sich wohlfühlen und die Sie anregt.

Der enge Zusammenhang von Mathematik und Technik ist für uns Naturwissenschaftler aller Fachrichtungen heute mehr denn je eine praktische Notwendigkeit geworden. Es ist richtig, wieder einmal daran zu erinnern, daß das nicht immer so war und daß der Horror gewisser naturwissenschaftlicher Disziplinen vor der Mathematik noch gar nicht so lange — zumindest offiziell — überwunden ist. Ich erinnere mich noch sehr genau, daß mein verehrter Lehrer, OTTO DIELS, im stillen den Kopf geschüttelt hat, als sein Assistent die Vorlesung von FRAENKEL in Kiel über Mengenlehre hörte; der organische Chemiker alter Schule hielt nicht sehr viel von Mathematik, soweit sein Fachgebiet betroffen wurde. Um aber die Chemie bei Ihnen nicht von vornherein in Mißkredit zu bringen, darf ich zugleich versichern, daß der Vater der organischen Chemie, JUSTUS VON LIEBIG, anders dachte; denn einen Aufsatz aus dem Jahre 1852 „Über das Studium der Naturwissenschaften" schließt LIEBIG mit dem Satz, daß „dem Chemiker das Studium der anderen Zweige der Naturwissenschaften und die Bekanntschaft mit Mathematik und den chemischen Gewerben unentbehrlich" sei. Uns heutigen Chemikern ist nicht nur die

Bekanntschaft mit der Mathematik unentbehrlich, wir müssen intensiv von ihr Gebrauch machen, wenn wir moderne naturwissenschaftliche Forschung betreiben wollen. Deshalb — glaube ich — braucht nicht jeder Naturwissenschaftler gleich ein Fachmathematiker zu sein, aber er muß das tun, was ich zumindest heute hier tun möchte, sich orientieren und sich anhören, was die moderne Mathematik vermag. LIEBIG konnte möglicherweise zu Recht noch das Studium der anderen Zweige der Naturwissenschaften empfehlen, das Gesamtgebiet war 1852 noch eben übersehbar; wir müssen aber das tun, womit wir heute mit Erfolg nur noch Naturwissenschaft — gleich, welcher Fachrichtung — betreiben können: engste Zusammenarbeit der Vertreter der einzelnen Fachgebiete. Dabei kann das Thema aus der Chemie kommen, die Lösung aber wird zumeist nur im Zusammenwirken verschiedener Disziplinen und damit nicht zuletzt unter Benutzung moderner mathematischer Methoden gefunden werden. Gerade das weist Ihr Programm aus, und in diesem Sinne darf ich Ihre Konferenz eröffnen.

Akademiemitglied Prof. Dr. KURT SCHRÖDER
Direktor des Instituts für angewandte Mathematik und Mechanik der Deutschen Akademie der Wissenschaften zu Berlin
Rektor der Humboldt-Universität zu Berlin

EINFÜHRUNG IN DIE KONFERENZ „MATHEMATIK UND TECHNIK"

Meine Damen und Herren!

Als Verantwortlicher für diese Tagung und als Leiter des Instituts für angewandte Mathematik und Mechanik der Deutschen Akademie der Wissenschaften zu Berlin darf ich Sie recht herzlich willkommen heißen. Ich freue mich, daß auch der Vorsitzende des Forschungsrates der Deutschen Demokratischen Republik, Herr Prof. Dr. P. A. THIESSEN, unter uns weilt und an unserer Tagung teilnimmt.

Unser Thema heißt: „Mathematik und Technik".

Dieser Konferenz war schon eine andere Akademieveranstaltung vorausgegangen, die sich mit wissenschaftlichen Grundfragen der modernen Technik befaßte und bei der die Behandlung mathematischer Probleme nur einen Teil darstellte. Auf ihr wurden sowohl Fragen des klassischen Einsatzes der Mathematik in der Technik als auch besonders aktuelle Fragen der Verwendung mathematischer Methoden behandelt. Die heutige Tagung stellt gewissermaßen eine Fortsetzung dar. Es stehen vor allem Fragen der Linearprogrammierung im Vordergrund, die Bestandteile der Querschnittswissenschaft sind, die man gegenwärtig im weitesten Sinne als Kybernetik bezeichnet, Kybernetik als Theorie der optimalen Steuerung.

Man hat heute klar erkannt, welche Bedeutung der Mathematik beim Aufbau des Sozialismus zukommt. Der Einsatz der Mathematik ist dabei sehr vielfältig und weitgehend. Er erfolgt nicht nur bei der unmittelbaren Konstruktion von Geräten sondern auch in der Produktion und bei der Behandlung von Planaufgaben der Wirtschaft. Auf diesen Gebieten können wir einen besonders aktuellen Einbruch der Mathematik beobachten. Kybernetische Methoden haben seit dem berühmten Buch von NORBERT WIENER eine immer größere Verbreitung in der Technik gefunden. Es gibt aber auch zahlreiche Anwendungen in der Biologie und Medizin, die sich hauptsächlich auf Steuerungsvorgänge bei Organismen beziehen. Die Deutsche Akademie der Wissenschaften zu Berlin wird Gelegenheit nehmen, in Kürze eine besondere Tagung über Fragen der Kybernetik zu veranstalten.*

* In der Zeit vom 20. bis 23. März 1962 veranstaltete das Institut für angewandte Mathematik und Mechanik der Deutschen Akademie der Wissenschaften zu Berlin eine Tagung über „Mathematische und physikalisch-technische Probleme der Kybernetik" (Anm. d. Red.)

Heute geht es hauptsächlich um Fragen der Linearprogrammierung oder, wie man in englischer Terminologie mit einem übergeordneten Begriff sagt, um Fragen des ,,operation research'', eine Methode, die nach ersten Anfängen in der Sowjetunion besonders in England gefördert wurde und deren Auswirkungen heute auf vielen Gebieten zu verspüren sind. Es handelt sich darum, einen Vorgang der Technik oder der Produktion zu ,,optimieren''. Mathematisch gesprochen, muß eine Wirkungsgröße, eine sogenannte Zielfunktion als Funktion gegebener und veränderlicher Größen so aufgestellt und berechnet werden, daß sie optimal wird. Ist diese Funktion linear, wobei noch Einschränkungen und Zusatzbedingungen entweder in Form von linearen Gleichungen oder linearen Ungleichungen hinzukommen, so haben wir es mit einem Problem der Linearprogrammierung zu tun. Man kann natürlich auch Probleme höherer Ordnung behandeln. Auf diesen Fragenkomplex wird in allgemeiner Darstellung Herr Dr. Wintgen eingehen. Bei der Behandlung von Problemen der Linearprogrammierung für Fragestellungen der Technik und Wirtschaft ist die Gemeinschaftsarbeit unbedingt erforderlich. Neben dem Mathematiker müssen in dem Kollektiv unbedingt Fachleute mitarbeiten, die über Fragen der Wirtschaft und der Organisation Bescheid wissen. Die Gesamtproblematik ist heute soweit gefördert, daß sie in Lehrbüchern und Vorlesungen für Studenten zur Darstellung gebracht werden kann. Es ist Zeit, daß wir uns um diese Fragen viel intensiver und systematischer als bisher kümmern. Erfreulicherweise gibt es in unserer Industrie und in verschiedenen Instituten schon gute Ansätze. Allerdings bleibt noch viel zu tun. Durch Ausnutzung dieser Möglichkeiten lassen sich in unserer Wirtschaft große Summen einsparen. Ich nehme an, daß das auch in den Vorträgen auf dieser Tagung klar zum Ausdruck kommen wird.

Ein anderer Komplex, der auf dieser Tagung behandelt wird, ist die statistische Qualitätskontrolle. Sie werden Gelegenheit haben, in einem Referat von Herrn Dr. Schindowski, der ein Experte für dieses Gebiet ist und der sich um die Einführung dieser Methode in unserer volkseigenen Industrie große Verdienste erworben hat, näheres über die bisher gemachten Erfahrungen zu hören.

Bei Fragen der Optimierung von Wirtschaftsvorgängen spielt der Matrizenkalkül eine große Rolle. Dieser Kalkül ist aber für die Technik nicht nur in diesem Zusammenhang interessant. Bekannt sind die Anwendungen in der Theorie der elektrischen Netze. Ich freue mich, daß auf unserer Tagung Herr Kollege Furkert hierfür einen Beitrag geben wird. Weiter spielen Fragen der Automatisierungstechnik und Fragen der Anwendung von Rechenautomaten in Technik und Wirtschaft eine Rolle. Die oben erwähnten Optimierungsfragen können heute nur dann mit Erfolg behandelt werden, wenn moderne Rechengeräte zum Einsatz gelangen. Hierüber wird Herr Dr. Bachmann berichten.

Die klassischen Anwendungen der Mathematik in der Technik werden auf dieser Tagung nicht zu kurz kommen. Wir werden einen Vortrag von Herrn Ingenieur JENSCH hören, der uns über die mathematischen Probleme berichten wird, die mit der Konstruktion und Aufstellung des 2-m-Universal-Spiegelteleskops in Tautenburg verbunden waren.

Schließlich wird Herr Kollege WEIGAND über Anwendungen mathematischer Methoden in der Mechanik der festen Körper berichten. Hier befinden wir uns ganz auf klassischem Boden.

Damit möchte ich die Einführung beschließen und Herrn Dr. WINTGEN das Wort zu seinem Vortrag „Grundprobleme der Linearprogrammierung" erteilen.

Dr. Georg Wintgen

Institut für Statistik der Wirtschaftswissenschaftlichen Fakultät der Humboldt-Universität zu Berlin

GRUNDPROBLEME DER LINEARPROGRAMMIERUNG

In Wirtschaft und Technik tritt häufig das Problem des besten Einsatzes gegebener Mittel auf, d. h. das Problem, einen Prozeß so zu organisieren, daß unter gegebenen Bedingungen die beste Wirkung erzielt wird. Von den oft sehr zahlreichen Realisierungsmöglichkeiten ist diejenige auszuwählen, die in bezug auf ein nach ökonomischen Gesichtspunkten ausgewähltes Kriterium optimal ist. Kann man die verschiedenen Realisierungsmöglichkeiten durch die Werte gewisser Veränderlicher charakterisieren und das Kriterium als Funktion dieser Veränderlichen, als sogenannte Zielfunktion ausdrücken, so besteht das Problem mathematisch in der Bestimmung des Maximums oder Minimums der Zielfunktion, wobei die Veränderlichen Nebenbedingungen unterworfen sind, die den gegebenen Bedingungen entsprechen. In vielen Fällen ist die Zielfunktion linear oder kann mit hinreichender Annäherung an die Wirklichkeit als linear angesehen werden, während die Nebenbedingungen sich in Form von linearen Gleichungen oder Ungleichungen formulieren lassen. Dann handelt es sich um ein Problem der Linearprogrammierung, auch lineare Optimierung genannt. Programmieren bedeutet in diesem Zusammenhang das Aufstellen eines Programms oder Planes, nach dem der Prozeß ablaufen soll.

Die Wahl des Optimalitätskriteriums ist eine schwierige ökonomische Frage, ohne deren richtige Beantwortung die beste mathematische Lösung für die Praxis wertlos wird. Allgemein verlangt eine sinnvolle Anwendung mathematischer Methoden in der Technik der modernen Produktion mit ihrer großen Kompliziertheit, gegenseitigen Verflechtung und ihren in die Millionen gehenden Stückzahlen gute ökonomische Kenntnisse oder eine Zusammenarbeit von Mathematikern, Technikern und Ökonomen.

Ich möchte nunmehr einige Grundprobleme der Linearprogrammierung erläutern und dabei auf die ökonomische Deutung der mathematischen Beziehungen eingehen.

Die zur Lösung von Problemen der Linearprogrammierung erforderlichen Rechenoperationen sind recht einfach; es werden nur die vier Grundrechenarten benutzt. Die Zahl der auftretenden Rechenoperationen ist allerdings im allgemeinen so groß, daß häufig der Einsatz elektronischer Rechenautomaten notwendig wird. Es ist deshalb kein Zufall, daß die Linearprogrammierung sich gleichzeitig mit der modernen Rechentechnik entwickelt hat.

Zum besseren Verständnis wollen wir von einem stark vereinfachten Beispiel aus der chemischen Industrie ausgehen.

Ein chemischer Betrieb hat die Möglichkeit, ein Produkt auf zweierlei Art aus dem gleichen Rohmaterial herzustellen: entweder mit Hilfe einer Säure, wobei Energie frei wird, oder auf elektrolytischem Wege, wobei Energie verbraucht wird. Im ersten Fall entsteht ein Zwischenprodukt Z_1, im zweiten Fall ein Zwischenprodukt Z_2. Aus einer Einheit von Z_2 läßt sich eine größere Menge des Endprodukts herstellen als aus einer Einheit von Z_1. Das Problem besteht darin, eine möglichst große Menge des Endprodukts herzustellen, wenn die verfügbaren Mengen an Rohmaterial, Säure und Energie bestimmt sind. Abb. 1 zeigt ein Schema des Produktionsprozesses, dessen technische Daten in der nachfolgenden Tabelle zusammengefaßt sind.

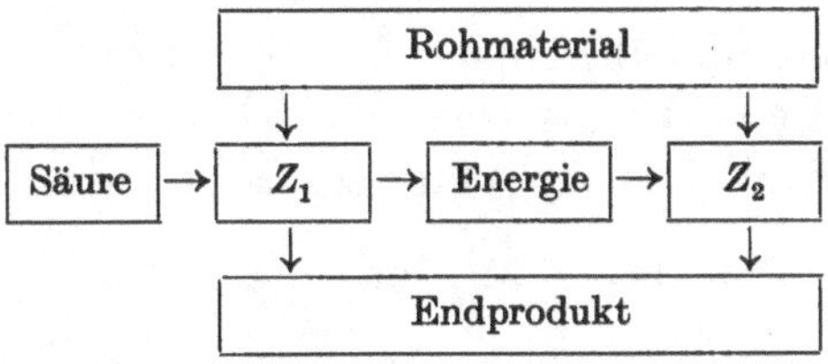

Abb. 1. Schematische Darstellung der Herstellung eines chemischen Produkts über die Zwischenprodukte Z_1 und Z_2

Tabelle. Technische Daten des Produktionsprozesses

	Benötigte Mengen für 1 t der Zwischenprodukte		Verfügbare Mengen
	Z_1	Z_2	
Rohmaterial in t	4	4	28
Säure in m³	2		10
Energie in MWh	−1	3	9
Aus 1 t Zwischenprodukt entstehendes Endprodukt in t	2	3	

Aus der Tabelle geht z. B. hervor, daß für die Herstellung von 1 t des Zwischenprodukts Z_1 4 t Rohmaterial und 2 m³ Säure benötigt werden, daß dabei 1 MWh Energie zur Weiterverwendung frei wird (Minuszeichen!) und daß man aus 1 t des Zwischenprodukts Z_1 2 t des Endprodukts herstellen kann.

Über das Zwischenprodukt Z_1 kann man wegen der beschränkten Säuremenge höchstens 10 t Endprodukt erhalten. Produziert man nur Z_2, so kann man wegen der beschränkten Energiemenge nur 9 t Endprodukt erhalten.

Günstiger ist es, wenn beide Zwischenprodukte gleichzeitig produziert werden, da dann die bei der Herstellung von Z_1 freiwerdende Energie zur Herstellung von Z_2 mitbenutzt werden kann. Eine mathematische Formulierung des Problems erleichtert die Übersicht über alle vorhandenen Möglichkeiten. Bezeichnet man mit x_1 und x_2 die Maßzahlen der produzierten Mengen von Z_1 und Z_2, so kann die Tatsache, daß die verfügbaren Mengen an Rohmaterial, Säure und Energie nicht überschritten werden dürfen, durch die drei Ungleichungen

$$\begin{aligned} 4x_1 + 4x_2 &\leqq 28, \\ 2x_1 \qquad &\leqq 10, \\ -1x_1 + 3x_2 &\leqq \ 9 \end{aligned} \tag{1}$$

ausgedrückt werden. Ferner gelten, da negative Werte von x_1 und x_2 für das gegebene Problem keinen Sinn haben, die zwei weiteren Ungleichungen

$$x_1 \geqq 0, \qquad x_2 \geqq 0. \tag{2}$$

Jede Lösung x_1, x_2 von (1) und (2) entspricht einer Produktionsmöglichkeit, die mit den technischen Bedingungen vereinbar ist. Gesucht wird unter allen diesen sogenannten zulässigen Lösungen eine solche, für die die Ausbeute

$$Z = 2x_1 + 3x_2 \text{ maximal} \tag{3}$$

wird. Da sowohl die Einschränkungen (1) als auch die Zielfunktion (3) linear sind, haben wir ein Problem der Linearprogrammierung erhalten.

Dieses Problem ist zweidimensional, es läßt sich also graphisch lösen. Die Gesamtheit der zulässigen Lösungen wird durch ein zwischen den Koordinatenachsen und den Geraden $4x_1 + 4x_2 = 28$, $2x_1 = 10$ und $-x_1 + 3x_2 = 9$ liegendes fünfeckiges konvexes Gebiet der x_1, x_2-Ebene dargestellt (Abb. 2).

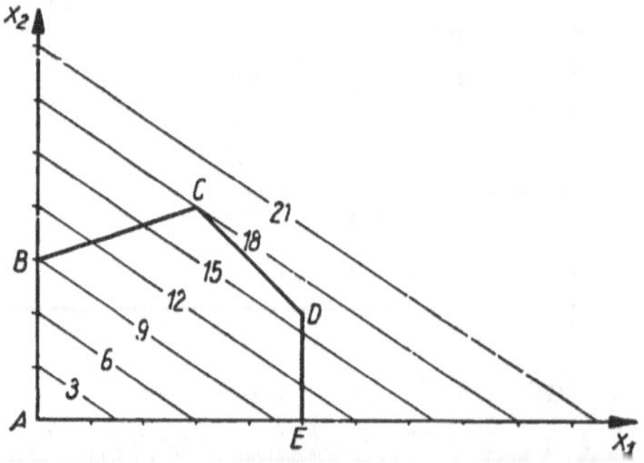

Abb. 2.
Das Gebiet $ABCDE$ der zulässigen Lösungen und Linien gleicher Ausbeute. Maximale Ausbeute in C (3,4)

Die Punkte gleicher Ausbeute sind durch Linien verbunden. Da die Zielfunktion linear ist, ergibt sich eine Schar paralleler Geraden mit konstantem Abstand. Man liest aus der Abbildung sofort ab, daß der Punkt C (3, 4) die Produktionsmöglichkeit mit der größten Ausbeute $Z = 18$ darstellt.

Mathematisch kann das allgemeinste LP-Problem folgendermaßen formuliert werden: Wo nimmt eine lineare Funktion von n nichtnegativen Variablen, die Einschränkungen in Form von m linearen Ungleichungen unterworfen sind, ihr Maximum an? Wenn wir uns der Matrizenschreibweise bedienen, können wir das so ausdrücken:

Gegeben seien eine Matrix $\mathfrak{A} = (a_{ik})$ und zwei Spaltenvektoren $\mathfrak{b} = (b_i)$, $\mathfrak{c} = (c_k)$, $(i = 1, \ldots, m,\ k = 1, \ldots, n)$. Gesucht ist ein Vektor $\mathfrak{x} = (x_k)$ mit

$$\mathfrak{A}\mathfrak{x} \leqq \mathfrak{b}, \tag{4}$$

$$\mathfrak{x} \geqq 0, \tag{5}$$

$$Z = \mathfrak{c}'\mathfrak{x} \ \max. \tag{6}$$

Hierbei gelten die Ungleichungen zwischen Vektoren komponentenweise. Die Einschränkungen (4) bestehen also aus den m Ungleichungen

$$\sum_{k=1}^{n} a_{ik} x_k \leqq b_i \qquad (i = 1, \ldots, m)$$

und die Nichtnegativitätsbedingungen (5) aus den n Ungleichungen

$$x_k \geqq 0 \qquad (k = 1, \ldots, n).$$

Die Bedingung (6) gibt an, daß unter allen Vektoren, deren Komponenten (4) und (5) genügen, derjenige oder diejenigen gesucht werden, die der Zielfunktion

$$Z = c_1 x_1 + \cdots + c_n x_n$$

den größten Wert erteilen.

Wie in unserem Beispiel, so gilt auch allgemein, daß das Optimum der Zielfunktion in einem der endlich vielen Eckpunkte des durch (4) und (5) definierten Lösungsgebietes angenommen wird. Jede optimale Lösung ist entweder selbst eine solche Eck- oder *Basislösung* oder sie liegt auf der Verbindungsstrecke von zwei Eckpunkten mit optimalem Wert der Zielfunktion. Analytisch ist eine Basislösung des n-dimensionalen LP-Problems (4), (5), (6) dadurch charakterisiert, daß in den $m + n$ Ungleichungen von (4) und (5) mindestens n mal das Gleichheitszeichen gilt.

Zur vollständigen Lösung eines LP-Problems genügt es, die zulässigen Basislösungen zu bestimmen und unter ihnen die optimalen auszusuchen. Dies ist aber, wenn m und n keine kleinen Zahlen sind, mit einer sehr umfangreichen Rechenarbeit verbunden. (Für $m = 5$ und $n = 6$ sind bereits 462 Gleichungssysteme von 5 Gleichungen mit 5 Unbekannten zu lösen!) Bei größeren Problemen kommt man also ohne eine besondere Methode nicht aus, selbst wenn ein Rechenautomat zur Verfügung steht. Die erste Methode wurde von KANTOROWITSCH im Jahre 1939 unter dem Namen *Methode der Auflösungsmultiplikatoren* angegeben. Am bekanntesten ist die *Simplexmethode* von DANTZIG aus dem Jahre 1947, auf die wir zunächst eingehen wollen.

Der Grundgedanke der Simplexmethode ist folgender: Der Bereich der zulässigen Lösungen ist ein n-dimensionales konvexes Polyeder, dessen Ecken die zulässigen Basislösungen sind. Von irgendeiner Polyederecke aus geht man längs einer Kante mit möglichst großem Anstieg der Zielfunktion zu einer Nachbarecke mit einem größeren Z-Wert. Von da aus geht man auf die gleiche Weise zu einer Nachbarecke mit noch größerem Z-Wert. So wird fortgefahren, bis man nach endlich vielen Schritten zu einer Polyederecke gelangt ist, von der keine Kante mit steigender Zielfunktion mehr ausgeht. Da das Polyeder konvex ist, hat man damit eine optimale Lösung erreicht.

Wir stellen die Simplexmethode an unserem Beispiel dar, das nach Einführung von drei nicht negativen *Schlupf-* oder *Bilanzierungsvariablen* x_3, x_4, x_5 die Form

$$\begin{aligned} 4x_1 + 4x_2 + x_3 \qquad\qquad &= 28, \\ 2x_1 \qquad\qquad + x_4 \qquad &= 10, \\ -1x_1 + 3x_2 \qquad\qquad + x_5 &= 9, \end{aligned} \tag{7}$$

$$x_k \geqq 0, \qquad k = 1, \ldots, 5, \tag{8}$$

$$Z = 2x_1 + 3x_2 \text{ max.} \tag{9}$$

annimmt.

Eine erste zulässige Basislösung ist, wie man sofort erkennt, der Vektor (0, 0, 28, 10, 9). Sie entspricht dem Punkt A der Abb. 2. Der Wert der Zielfunktion ist $Z = 2 \cdot 0 + 3 \cdot 0 = 0$. Um eine bessere Lösung zu finden, formen wir das Gleichungssystem (7) so um, daß wir die Gesamtheit aller zulässigen Lösungen überblicken können. Zu diesem Zweck lösen wir es nach den Variablen auf, die den positiven Komponenten der ersten Lösung entsprechen. Diese Variablen nennen wir *Basisvariablen*, die anderen *Nichtbasisvariablen*. Der Basislösung (0, 0, 28, 10, 9) entsprechen also die Basisvariablen x_3, x_4 und x_5, während x_1 und x_2 die Nichtbasisvariablen sind. Die Auflösung von (7) nach x_3, x_4 und x_5 ergibt

$$\begin{aligned} x_3 &= 28 - 4x_1 - 4x_2, \\ x_4 &= 10 - 2x_1, \\ x_5 &= 9 + x_1 - 3x_2. \end{aligned} \tag{10}$$

Für $x_1 = x_2 = 0$ ergibt sich die Ausgangslösung. Man erhält alle zulässigen Lösungen, indem man x_1 und x_2 alle nichtnegativen Werte erteilt, für die auch die anderen Variablen nicht negativ werden. An den Koeffizienten von x_1 und x_2 in der Zielfunktion

$$Z = 2x_1 + 3x_2$$

sieht man, um wieviel Z zunimmt, wenn man x_1 oder x_2 um eine Einheit vergrößert. Da der Koeffizient von x_2 der größte ist, vergrößern wir x_2 so weit, wie es geht, ohne daß dadurch x_3, x_4 oder x_5 negativ werden. x_3 wird negativ für $x_2 > \frac{28}{4} = 7$, x_4 bleibt positiv für beliebig große x_2, da es von x_2 nicht abhängt,

x_5 wird bereits für $x_2 > \frac{9}{3} = 3$ negativ. Wir können also in (10) maximal $x_2 = 3$ setzen und erhalten als zweite zulässige Basislösung $x_1 = 0$, $x_2 = 3$, $x_3 = 16$, $x_4 = 10$, $x_5 = 0$ mit $Z = 9$ (Punkt B Abb. 2). Um diese Lösung noch weiter zu verbessern, drücken wir mit Hilfe von (10) die neuen Basisvariablen x_2, x_3 und x_4 sowie Z als Funktionen der neuen Nichtbasisvariablen x_1 und x_5 aus, indem wir den aus der dritten Gleichung von (10) berechneten Ausdruck für x_2

$$x_2 = 3 + \frac{1}{3} x_1 - \frac{1}{3} x_5$$

in die anderen Gleichungen einsetzen. Das ergibt

$$\begin{aligned} x_3 &= 16 - \frac{16}{3} x_1 + \frac{4}{3} x_5 \\ x_4 &= 10 - 2\ x_1 \\ x_2 &= 3 + \frac{1}{3} x_1 - \frac{1}{3} x_5 \\ Z &= 9 + 3\ x_1 - x_5 . \end{aligned} \tag{11}$$

Das erhaltene Gleichungssystem hat genau die gleiche Form wie das System (10) mit dem zugehörigen Ausdruck für die Zielfunktion. Es kann genau nach der gleichen Methode weiterbehandelt werden. Zweckmäßig ist, die numerische Rechnung mit Hilfe des sogenannten Simplexschemas durchzuführen, das für das Gleichungssystem (11) folgendermaßen aussieht:

		x_1	x_5
x_3	16	$\frac{16}{3}$*	$-\frac{4}{3}$
x_4	10	2	
x_2	3	$-\frac{1}{3}$	$\frac{1}{3}$
Z	9	-3	1.

(Die Koeffizienten der Nichtbasisvariablen erscheinen mit entgegengesetztem Vorzeichen!)

Wie beim ersten Schritt muß eine Nichtbasisvariable gegen eine Basisvariable ausgetauscht werden. Es handelt sich um die Nichtbasisvariable x_1, da sie den größten negativen Koeffizienten in der Zeile von Z hat, und um die Basisvariable x_3, da sie zum kleinsten Quotienten von nebeneinanderstehenden Elementen der ersten Spalte und der positiven Elemente der Spalte von x_1 gehört. (Unter den Quotienten $16 : \frac{16}{3}$ und $10 : 2$ ist der erste der kleinste.) Das Element, das in der Spalte von x_1 und in der Zeile von x_3 steht, heißt *Hauptelement* und wird mit einem Stern bezeichnet.

Die Regeln des Übergangs von einem Simplexschema zum nächsten sind nun folgende:

1. Die Tabellenränder werden übernommen, wobei Basis- und Nichtbasisvariable des Hauptelements ausgetauscht werden. Die Spalte des Hauptelements im alten Schema, kurz *alte Spalte* genannt, und die Zeile des Hauptelements im neuen Schema, die *neue Zeile*, werden umrahmt.
2. In die neue Zeile werden der reziproke Wert des Hauptelements eingetragen sowie die mit diesem reziproken Wert multiplizierten anderen Elemente der entsprechenden Zeile des alten Schemas.
3. Alle Elemente der alten Spalte — bis auf das Hauptelement — werden mit dem negativen reziproken Wert des Hauptelements multipliziert und in die entsprechende Spalte des neuen Schemas eingetragen.
4. Alle übrigen Elemente des neuen Schemas entstehen, indem man von den entsprechenden Elementen des alten Schemas das Produkt aus dem nebenstehenden Element in der alten Spalte mit dem darüberstehenden Element in der neuen Zeile subtrahiert.

Nach diesen Regeln ergibt sich folgendes neue Schema:

		x_3	x_5
x_1	3	$\frac{3}{16}$	$-\frac{1}{4}$
x_4	4	$-\frac{3}{8}$	$\frac{1}{2}$
x_2	4	$\frac{1}{16}$	$\frac{1}{4}$
Z	18	$\frac{9}{16}$	$\frac{1}{4}$

Da in der letzten Zeile keine negativen Koeffizienten mehr stehen, ist mit $x_1 = 3$, $x_2 = 4$, $x_3 = 0$, $x_4 = 4$, $x_5 = 0$ und $Z = 18$ die optimale Lösung erreicht; die letzte Zeile entspricht nämlich der Gleichung

$$Z = 18 - \frac{9}{16} x_3 - \frac{1}{4} x_5,$$

aus der zu ersehen ist, daß Z für $x_3 = 0$ und $x_5 = 0$ maximal wird.

Für das allgemeine LP-Problem (4), (5), (6) ergibt sich nach Einführung eines nichtnegativen Schlupfvektors $\mathfrak{u} = (x_{n+i})$ ein erstes Simplexschema, das in Matrizenschreibweise folgendermaßen aussieht:

$$\begin{array}{c|cc} & & \mathfrak{x}' \\ \hline \mathfrak{u} & \mathfrak{b} & \mathfrak{A} \\ \hline Z & 0 & -\mathfrak{c}'. \end{array}$$

Setzen wir zur Vereinheitlichung der Schreibweise

$$b_i = a_{i0}, \quad -c_k = a_{0k} \quad \text{und} \quad 0 = a_{00},$$

so nimmt das Schema folgende Gestalt an:

		x_1	$\ldots x_k$	$\ldots x_n$
x_{n+1}	a_{10}	a_{11}	$\ldots a_{1k}$	$\ldots a_{1n}$
. . .	. . .	. . .	. . .	. . .
x_{n+i}	a_{i0}	a_{i1}	$\ldots a_{ik}$	$\ldots a_{in}$
. . .	. . .	. . .	. . .	. . .
x_{n+m}	a_{m0}	a_{m1}	$\ldots a_{mk}$	$\ldots a_{mn}$
Z	a_{00}	a_{01}	$\ldots a_{0k}$	$\ldots a_{0n}$

Das Hauptelement a_{ik} wird bestimmt, indem man zunächst den Index k nach der Beziehung

$$a_{0k} = \min_{s>0} a_{0s} \qquad (a_{0s} < 0)$$

und sodann i auf Grund der Beziehung

$$a_{ik} = \min_{t>0} \frac{a_{t0}}{a_{tk}} \ (a_{tk} > 0)$$

bestimmt.
Ist die Wahl von k und i nicht eindeutig, so kann jeweils der kleinste Index gewählt werden.
Die Regeln des Übergangs zum nächsten Schema ergeben sich jetzt wie folgt:

1. $x_k \Rightarrow x_{n+i}, \quad x_{n+i} \Rightarrow x_k.$
2. $\dfrac{1}{a_{ik}} \Rightarrow a_{ik}.$
3. $a_{il} \cdot a_{ik} \Rightarrow a_{il} \ (l \neq k), \quad -a_{jk} \cdot a_{ik} \Rightarrow a_{jk} \ (j \neq i).$
4. $a_{jl} + a_{jk} \dfrac{a_{il}}{a_{ik}} \Rightarrow a_{jl}.$

Von großer praktischer und theoretischer Bedeutung ist die Tatsache, daß zu jedem *LP*-Problem ein Dualproblem gebildet werden kann. Das Dualproblem zum Problem (4), (5), (6), das in diesem Zusammenhang das Primalproblem genannt wird, lautet folgendermaßen:

Gesucht ist ein Vektor $\mathfrak{y} = (y_{n+i})$ mit

$$\mathfrak{A}'\mathfrak{y} \geqq \mathfrak{c}, \tag{4'}$$
$$\mathfrak{y} \geqq 0, \tag{5'}$$
$$Z_d = \mathfrak{b}'\mathfrak{y} \text{ minimal.} \tag{6'}$$

Das Dualproblem zu (1), (2), (3) hat folgende Gestalt:

$$4y_3 + 2y_4 - y_5 \geqq 2, \tag{1'}$$
$$4y_3 + 3y_5 \geqq 3,$$
$$y_3 \geqq 0, \quad y_4 \geqq 0, \quad y_5 \geqq 0, \tag{2'}$$
$$Z_d = 28y_3 + 10y_4 + 9y_5 \text{ minimal.} \tag{3'}$$

Bilden wir das Dualproblem des Dualproblems, so erhalten wir wieder das Primalproblem. Wir zeigen das an unserem Beispiel. Hierzu müssen wir (1'), (2'), (3') zuerst auf die Normalform bringen:

$$\begin{aligned} -4y_3 - 2y_4 + y_5 &\leqq -2, \\ -4y_3 \qquad\quad - 3y_5 &\leqq -3, \end{aligned} \tag{1''}$$

$$y_3 \geqq 0,\ y_4 \geqq 0,\ y_5 \geqq 0, \tag{2''}$$

$$-28y_3 - 10y_4 - 9y_5 \text{ maximal} \tag{3''}$$

und dann nach den obigen Regeln zum Dualproblem übergehen. Es entsteht ein Minimalproblem, das zu (1), (2), (3) äquivalent ist.

Für zwei zueinander duale Probleme gilt der wichtige *Dualitätssatz:*

Ein LP-Problem ist dann und nur dann lösbar, wenn sein Dualproblem lösbar ist; in diesem Falle stimmt das Maximum der Zielfunktion des Primalproblems mit dem Minimum der Zielfunktion des Dualproblems überein.

Wir zeigen die Richtigkeit dieses Satzes an unserem Beispiel. Führen wir Schlupfvariable y_1 und y_2 ein und versuchen wir, das Problem nach der Simplexmethode zu lösen, so erhalten wir ein erstes Schema der Gestalt:

		y_3	y_4	y_5
y_1	-2	-4	-2	1
y_2	-3	-4		-3^*
Z_d	-0	-28	-10	-9

Die Koeffizienten in der letzten Zeile sind bereits negativ, wie das für ein Minimum der Fall sein muß, aber wir haben keine zulässige Lösung, da die Koeffizienten in der ersten Spalte negativ sind. Wir wenden nun die Simplextransformation so an, daß die Elemente in der ersten Spalte schrittweise nichtnegativ gemacht werden, wobei wir darauf achten müssen, daß die Elemente in der letzten Zeile nichtpositiv bleiben. Wir wählen zuerst die Zeile des Hauptelements, indem wir in der ersten Spalte das negative Element mit dem größten absoluten Betrag suchen; dieses steht in der zweiten Zeile. Sodann bilden wir die Quotienten der Elemente der letzten Zeile und der darüberstehenden negativen Elemente in der zweiten Zeile. Das Minimum ergibt sich für die Elemente der letzten Spalte. Die Variablen y_2 und y_5 sind also auszutauschen, und das Hauptelement -3 ist gefunden. Nach den oben angegebenen Regeln erhalten wir dann das zweite Simplexschema

		y_3	y_4	y_2
y_1	-3	$-\frac{16}{3}$	-2	$\frac{1}{3}$
y_5	1	$\frac{4}{3}$		$-\frac{1}{3}$
	9	-16	-10	$-3.$

Die hier beschriebene Methode, die sich von der Simplexmethode nur in dem Verfahren zur Bestimmung des Hauptelements unterscheidet, heißt duale Simplexmethode. Vergleichen wir das erhaltene Schema mit dem Simplexschema für das Gleichungssystem (11), so erkennen wir, daß die Koeffizienten bis auf das Vorzeichen übereinstimmen. Auch die neuen Hauptelemente stimmen überein, und im nächsten Schritt wird für beide LP-Probleme das gemeinsame Optimum erreicht.

Führt man im allgemeinen Dualproblem (4'), (5'), (6') einen nichtnegativen Schlupfvektor $\mathfrak{v}$ ein, so ergibt sich die erste Simplextabelle in der Form

$$\begin{array}{c|cc} & & \mathfrak{y}' \\ \hline \mathfrak{v} & -\mathfrak{c} & -\mathfrak{A}' \\ \hline Z_d & 0 & -\mathfrak{b}'. \end{array}$$

Wird auf das Primalproblem die Simplexmethode, auf das Dualproblem die duale Simplexmethode angewendet, so bleiben die Beziehungen zwischen beiden Tabellen erhalten, und die Werte der Zielfunktionen Z und Z_d, die anfänglich beide 0 sind, bleiben ebenfalls untereinander gleich. Ist nun das Primalproblem lösbar, so wird nach endlich vielen Schritten das Maximum von Z erreicht, was man daran erkennt, daß alle Koeffizienten in der letzten Zeile nichtnegativ geworden sind. In der entsprechenden Simplextabelle des Dualproblems sind dann alle Koeffizienten in der ersten Spalte nichtnegativ geworden, während die Koeffizienten der letzten Zeile nichtpositiv geblieben sind. Daraus ersieht man, daß auch das letzte Schema des Dualproblems erreicht ist. Das Dualproblem ist somit ebenfalls lösbar, und die Zielfunktionen erreichen das gleiche Optimum. Damit ist der Dualitätssatz bewiesen.

Für das gemeinsame Optimum Z_0 gilt die Beziehung

$$Z_0 = c_1 x_1 + \cdots + c_n x_n = b_1 y_{n+1} + \cdots + b_m y_{n+m}.$$

Hieraus ergibt sich

$$y_{n+i} = \frac{\partial Z_0}{\partial b_i}, \qquad x_k = \frac{\partial Z_0}{\partial c_k}.$$

Das Maximum der Zielfunktion des Primalproblems kann also um y_{n+i} vergrößert werden, wenn man die Einschränkungskonstanten b_i um eine Einheit erhöht; das Minimum der Zielfunktion des Dualproblems vermindert sich um x_k, wenn man c_k um eine Einheit verkleinert.

Für unser Beispiel erhalten wir, wie man aus dem letzten Simplexschema ablesen kann,

$$y_3 = \frac{9}{16}, \qquad y_4 = 0, \qquad y_5 = \frac{1}{4}.$$

Daraus ist zu entnehmen, daß wir eine maximale Ausbeute von $18\frac{9}{16}$ t erhalten, wenn wir 29 t Rohmaterial statt 28 t zur Verfügung haben; eine Steigerung des Energievorrats um 1 MWh läßt die Ausbeute um $\frac{1}{4}$ t auf $18\frac{1}{4}$ t ansteigen, während eine Steigerung des Säurevorrats ohne Einfluß auf die Ausbeute bleibt. Die optimalen Werte der dualen Variablen geben also Bewertungen der Einschränkungen. Ihre Kenntnis gestattet es, die Auswirkungen des Einsatzes von zusätzlichen Mitteln oder von Kapazitätserweiterungen auf das Produktionsergebnis ökonomisch zu beurteilen.

Wird eine Einschränkung nicht voll ausgeschöpft, so nehmen die entsprechenden dualen Variablen im Optimum den Wert 0 an. Es gelten also folgende von DANTZIG aufgestellte Beziehungen zwischen den optimalen Lösungen des Primal- und des Dualproblems:

$$\sum_k a_{ik} x_k < b_i \rightarrow y_{n+i} = 0, \tag{12}$$

$$\sum_i a_{ik} y_{n+i} > c_k \rightarrow x_k = 0, \tag{12'}$$

die man auch in der Form

$$y_{n+i} > 0 \rightarrow \sum_k a_{ik} x_k = b_i, \tag{13}$$

$$x_k > 0 \quad \rightarrow \sum_i a_{ik} y_{n+i} = c_k \tag{13'}$$

ausdrücken kann; denn wäre etwa (13) nicht erfüllt, so ergäbe sich ein Widerspruch zu (12).

Im engen Zusammenhang mit dem Dualitätssatz und mit den Beziehungen (12) und (13) steht das auf KANTOROWITSCH zurückgehende *Optimalitätskriterium:*

Eine zulässige Lösung $\mathfrak{x} = (x_k)$ des Problems (4), (5), (6) ist dann und nur dann optimal, wenn sich m nichtnegative Zahlen y_{n+i} so angeben lassen, daß

$$\begin{aligned} &\sum_i a_{ik} y_{n+i} \geqq c_k \qquad (k = 1, \ldots, n), \\ &\sum_i a_{ik} y_{n+i} = c_k \quad \text{für} \quad x_k > 0, \\ &y_{n+i} = 0 \quad \text{für} \quad \sum_k a_{ik} x_k < b_i. \end{aligned} \tag{14}$$

Daß diese Bedingungen notwendig sind, folgt aus dem Dualitätssatz, aus (13′) und aus (12). Sie sind auch hinreichend; denn wenn $\mathfrak{x}$ eine zulässige Lösung des Primalproblems (4), (5), (6) ist und die Bedingungen (14) erfüllt sind, so ergibt sich als Wert der Zielfunktion

$$Z = \sum_k c_k x_k = \sum_k \Big(\sum_i a_{ik} y_{n+i}\Big) x_k = \sum_i \Big(\sum_k a_{ik} x_k\Big) y_{n+i} = \sum_i b_i y_{n+i},$$

da c_k von $\sum_i a_{ik} y_{n+i}$ bzw. $\sum_k a_{ik} x_k$ von b_i nur abweichen kann, wenn x_k bzw. y_{n+i} verschwinden. Da die y_{n+i} eine zulässige Lösung des Dualproblems darstellen, kann Z nicht kleiner sein als das gemeinsame Optimum beider Probleme, es muß also maximal sein.

Auf dem Optimalitätskriterium beruht die Methode der Auflösungsmultiplikatoren von KANTOROWITSCH. Sie soll an einem Beispiel gezeigt werden. Wir gehen wieder von irgendeiner zulässigen Lösung des Problems aus (etwa von der dem Punkt E in Abb. 2 entsprechenden Basislösung $x_1 = 5$, $x_2 = 0$). Aus der Beziehung (14) ergibt sich $y_3 = 0$ und $y_5 = 0$ und für y_4 die Bestimmungsgleichung $2y_4 = 2$, woraus sich $y_4 = 1$ ergibt. Damit haben wir Auflösungsmultiplikatoren y_3, y_4, y_5 bestimmt, die die zweite und dritte Beziehung von (14) erfüllen. Die erste Beziehung ist aber wegen

$$4 \cdot 0 + 0 \cdot 1 + 3 \cdot 0 < 3$$

nicht erfüllt. Die Lösung kann noch nicht optimal sein. Durch Einführung von x_2 kann der Wert der Zielfunktion vergrößert werden, und zwar um 3 pro Einheit, wobei 3 der Überschuß der rechten Seite der letzten Ungleichung gegenüber der linken ist. Man vergrößert x_2 maximal, wobei darauf zu achten ist, daß die zweite Gleichung von (1) erhalten und daß die Lösung zulässig bleibt. Es ergibt sich $x_2 = 2$. Mit der neuen Lösung $x_1 = 5$, $x_2 = 2$ bestimmt man neue Auflösungsmultiplikatoren, die sich jetzt zu $y_3 = \frac{3}{4}$, $y_4 = -\frac{1}{2}$, $y_5 = 0$ ergeben. Da y_4 negativ ist, verändert man x_1 und x_2 so, daß die erste Gleichung erhalten bleibt, die zweite Gleichung zur Ungleichung und die dritte Ungleichung zur Gleichung wird. Hierzu macht man den Ansatz: $x_1 = 5 - u$, $x_2 = 2 + u$ und erhält aus der dritten Gleichung

$$-(5 - u) + 3(2 + u) = 9$$

für u den Wert 2, woraus sich $x_1 = 3$, $x_2 = 4$ ergibt. Eine erneute Berechnung der Auflösungsmultiplikatoren zeigt, daß die Bedingungen (14) erfüllt werden, daß die Lösung also optimal ist.

Die Methode der Auflösungsmultiplikatoren ist komplizierter als die Simplexmethode und schwieriger algorithmierbar. Sie ist jedoch für kompliziertere Probleme anwendbar, so z. B. dann, wenn die Optimalitätsbedingung lautet, daß das Minimum von einer ganzen Anzahl von linearen Funktionen maximal sein soll, was bei der Forderung nach einer maximalen sortimentsgerechten Produktion eintritt. Will man diese Aufgabe mit der Simplexmethode lösen, so ergeben sich oft sehr große Simplextabellen, die die Kapazität der Rechenautomaten übersteigen. Die Methode der Auflösungsmultiplikatoren kommt in diesem Falle mit geringerer Speicherkapazität aus.

Literatur

[1] Немчинов, В. С., Применение математики в зкономических исследованях. СОЦЭКГИЗ, Москва 1959.

[2] Vajda, S., Readings in Linear Programming. Verlag Sir Isaac Pitman & Sons, LTD., London 1958.

[3] Krekó, B., Lineare Optimierung. VEB Deutscher Verlag der Wissenschaften, Berlin 1962.

[4] Piehler, J., Einführung in die lineare Optimierung. B. G. Teubner Verlagsgesellschaft, Leipzig 1962.

[5] Handbuch für mathematisch-technische Assistenten und verwandte Berufe, Herausgeber Prof. Dr. Kurt Schröder, VEB Deutscher Verlag der Wissenschaften, Berlin 1962, Kapitel 28.

(Die drei letztgenannten Werke erscheinen voraussichtlich im Laufe des Jahres 1962.)

Dr. Heinz Almers
Institut für Energetik, Leipzig

OPTIMIERUNG IN DER ENERGIEWIRTSCHAFT

Einleitung

Wie auf anderen Gebieten so gibt es auch in der Technik für jede Lösung in der Regel mehrere Varianten, die sich in mannigfacher Hinsicht mehr oder weniger unterscheiden. Die Unterschiede können ökonomischer, wirtschaftlicher, technischer oder sonstiger Art sein. Je nach den jeweils gegebenen Verhältnissen oder Bedingungen wird die eine oder andere Lösungsvariante die größere Zahl von Vorteilen oder Bestpunkten aufweisen.

Von den für eine Beurteilung wichtigen Kriterien für Entscheidungen bei der Einrichtung und beim Betrieb technischer Anlagen stehen die Kosten, z. B. Anlage- und Betriebskosten, in der Regel im Vordergrund. Arbeitskräftebedarf, Betriebssicherheit, Standort, Wirkungsgrad, Mechanisierungs- und Automatisierungsmöglichkeiten und dergleichen sind weitere wichtige Beurteilungsmerkmale. Je mehr diese Kriterien für eine bestimmte Variante ein Optimum aufweisen, desto leichter wird die Entscheidung über die in Betracht kommende Variante zu fällen sein. Dabei erfordern die oftmals zahlreichen zu berücksichtigenden Faktoren, die zudem meist in einer wechselseitigen, oft gegenläufigen Beziehung zueinander stehen, sorgfältige, nicht selten umfangreiche Untersuchungen, wobei bei der Ermittlung der optimalen Lösung die Rechnung eine entscheidende Rolle spielt.

In der Energiewirtschaft ist das Optimierungsproblem von ganz besonderer Bedeutung. Die Energiewirtschaft ist mit ihren technischen Anlagen und Ausrüstungen sehr umfangreich und vielgestaltig. Sie umfaßt ausgedehnte Rohenergiegewinnungsanlagen zur Gewinnung von Steinkohle, Braunkohle, Erdöl und Erdgas; hinzu kommen umfangreiche Anlagen für die Energieaufbereitung und Energieumwandlung wie Brikettfabriken, Kraftwerke, Gaswerke, Kokereien, Wasserkraftwerke usw. Zum Transport der Energieträger bis zum Abnehmer müssen weitläufige Transportanlagen wie Bahnen, elektrische Fortleitungs- und Verteilungsnetze, Fern- und regionale Gasleitungen, Ölleitungen und dergleichen bereitstehen. Alles in allem ein beträchtlicher Anlagenumfang, der erhebliche Aufwendungen erfordert. Aber nicht nur der Aufbau verlangt sorgfältige Überlegungen und Untersuchungen, in gleichem Maße auch der Betrieb der Energieanlagen. Die nach Umwandlungswirkungsgrad, Fortleitungs- und Verteilerverlusten sowie Betriebsweise oftmals unterschiedlichen

Anlagen bedürfen eines guten, ausgewogenen, zweckmäßigen Einsatzes, um beim Betrieb dieser komplizierten Anlagen der Energiewirtschaft stets die wirtschaftlichste Fahrweise sicherzustellen. In letzter Zeit ist ein weiterer umfangreicher Fragenkomplex hinzugekommen, der mehr und mehr an Bedeutung gewonnen hat — die Ermittlung des Energiebedarfs in den kommenden Jahren bei gleichzeitiger Festlegung des jeweils zweckmäßigsten Energieträgers.

Optimierung bei der Einrichtung von Energieanlagen

In der Energiewirtschaft hat die Suche nach der jeweils optimalen Lösung schon seit jeher, vor allem beim Bau von Anlagen, bei der Beschaffung von Ausrüstungen und bei der Standortwahl, eine ganz besondere Beachtung gefunden. Der Grund hierfür liegt darin, daß die Energiewirtschaft zu den anlageintensiven Wirtschaftszweigen gehört. Sowohl die Rohenergiegewinnung und die Energieumwandlung als auch der Transport der Energieträger — Elektroenergie, Gas und Wärme —, oftmals über weite Entfernungen, erfordern umfangreiche technische, obendrein komplizierte Anlagen und Ausrüstungen.

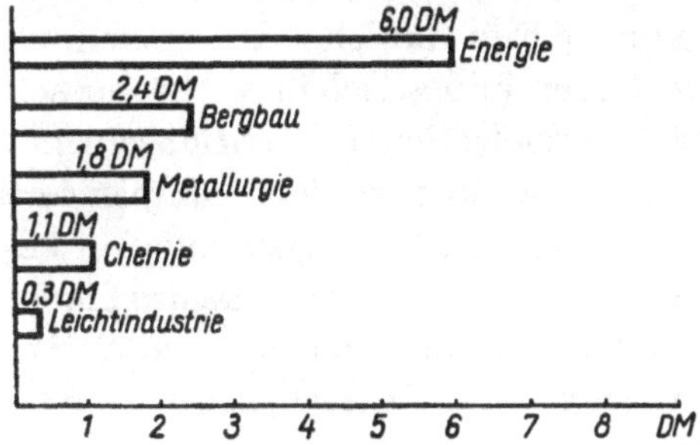

Abb. 1.
Verhältnis Grundmittelwert zur Jahresbruttoproduktion

Dieser im Verhältnis zu anderen Industriezweigen große Anlagenumfang bedingt naturgemäß beträchtliche Aufwendungen an Investitionsmitteln, an Material, an Arbeitskräften usw. Dadurch sind die Anlagekosten von entscheidender Bedeutung für die Wirtschaftlichkeit der Energiewirtschaft und darüber hinaus für die Belastung der Volkswirtschaft. Versuchen wir, durch einen Vergleich mit anderen Industriezweigen diese Tatsache in Zahlen auszudrücken. Als Anhaltszahl wählen wir das Verhältnis Grundmittelwert zur Jahresbruttoproduktion. Es ergeben sich dann die im Diagramm (Abb. 1) dargestellten Verhältnisse.

Die Zahlen, die nach Angaben des Statistischen Jahrbuches überschläglich errechnet wurden und nur eine Vorstellung von der Größenordnung vermitteln sollen, zeigen, daß das Verhältnis Jahresbruttoproduktion zum Grundmittelwert in der Energiewirtschaft am ungünstigsten ist. Deshalb ist die Herabsetzung des Investitionsaufwandes schon seit jeher eines der dringendsten Probleme der Energiewirtschaft.

Die Forderung nach Verminderung der Anlagekosten darf selbstverständlich nicht so weit getrieben werden, daß durch Verbilligung und Vereinfachung der Anlagen eine nicht vertretbare Vermehrung des Personalbedarfs eintritt, die Betriebssicherheit beeinträchtigt wird oder die Betriebskosten anwachsen. Es muß also unter Einbeziehung aller Faktoren, die durch die Anlagekosten beeinflußt werden oder die ihrerseits die Anlagekosten beeinflussen, eine Variante gesucht werden, die insgesamt in technischer und wirtschaftlicher Hinsicht die beste Lösung darstellt. In einfachen Fällen wird man mit entsprechenden Überlegungen, gegebenenfalls unterstützt durch leicht durchzuführende Rechnungen, auskommen. In komplizierteren Fällen dagegen, die inzwischen zur Regel wurden, sind umfangreiche Rechnungen erforderlich, wobei praktisch erst der Einsatz von Rechenmaschinen die Möglichkeit erschlossen hat, eine beliebige Zahl von Varianten unter erträglichen, insbesondere zeitlich tragbaren Bedingungen durchzurechnen.

Solche Untersuchungen können sich auf ausgedehnte Anlagen, komplette Kraftwerke, umfangreiche Netzsysteme, große Gaswerke oder dergleichen beziehen, sie können aber auch Teile derartiger Anlagen betreffen. So wird man die Entscheidung, ob ein Kraftwerk geschlossen oder ganz bzw. teilweise in Freiluftausführung gebaut werden sollte, nur nach gründlicher Untersuchung treffen können. Es kann je nach den vorliegenden klimatischen Verhältnissen der Fall eintreten, daß die möglicherweise zu erzielenden Investitionseinsparungen durch die auftretenden Wärmeverluste in kurzer Zeit kompensiert werden. Aber auch Vergleiche verschiedener Verfahren bzw. Technologien bei der Erzeugung von Elektroenergie, z. B. durch Dampfturbinen, Gasturbinen, Dieselmotoren oder Wasserkraftanlagen, werfen immer wieder schwierige Fragen auf, die nur durch gründliche Untersuchungen hinsichtlich der optimalen Lösung entschieden werden können.

Neben den Energieerzeugungsanlagen spielen im Hinblick auf den wertmäßigen Umfang der Anlagen die Fortleitungs- und Verteilungsanlagen eine ebenso bedeutungsvolle Rolle. Vom Gesamtanlagenwert der Energieversorgungsanlagen entfällt etwa die eine Hälfte auf die Erzeugung und die andere Hälfte auf die Fortleitungs- und Verteilungsnetze. Hier gilt es also ebenfalls, die optimale wirtschaftliche Lösung für die Trassenführung, den Querschnitt und die Bauweise bzw. für die Spannungs- oder Druckhöhe zu ermitteln. Allerdings sind in diesem Fall bei der Festlegung der einzelnen Parameter neben den errechneten optimalen Werten in der Regel noch die genormten Werte z. B. der Spannungen bzw. der Leitungsquerschnitte oder der Rohrdurchmesser zu berücksichtigen.

Außer den mehr wirtschaftlichen Erwägungen gibt es in den Energiesystemen eine Reihe technischer Gesichtspunkte, die bei der Planung und Projektierung neuer Anlagen hinsichtlich der zweckmäßigsten Parameter gleichfalls sorgfältig geprüft werden müssen. Das gilt z. B. in Elektroenergiesystemen für den Leistungsfluß, die Kurzschlußverhältnisse, die Netzstabilität, Blindstromkompensation und Spannungshaltung. Bei großen Netzverbänden werden die Verhältnisse immer komplizierter und schwieriger übersehbar, so daß Rechnungen von Hand sehr viel Zeit und Arbeitskraft erfordern.

Daher ist man schon frühzeitig dazu übergegangen, die für das Aufsuchen der jeweils optimalen Lösung notwendige Rechenarbeit zu mechanisieren. Zu diesem Zweck wurden für Netz- bzw. Systemberechnungen besondere Rechenmaschinen entwickelt, die im Analogverfahren ganze Netzsysteme mit hinreichender Genauigkeit durchzurechnen gestatten. Derartige Geräte sind unter dem Namen *Netzmodelle* bekannt geworden und haben eine weite Verbreitung gefunden.

Abb. 2. Netzmodell, Gesamtansicht

Im Institut für Energetik, Leipzig, ist ein solches Netzmodell (Abb. 2 bis 4) seit Herbst 1959 in Betrieb [2]. Mit 32 Maschineneinheiten, 40 Transformatoreinheiten, 150 Leistungseinheiten und 60 Belastungseinheiten zählt es zu den größten Geräten in Europa. Es gestattet die Nachbildung der 110-, 220- bzw. 380-kV-Netze der DDR und besitzt eine verhältnismäßig hohe Genauigkeit, die laufend durch Testrechnungen überprüft wird. Betrieben wird das Modell mit 500 Hz, die von einem 16-km-Umformersatz geliefert werden. Mit diesem Modell, auf dem bereits zahlreiche wichtige Aufgaben durchgerechnet worden sind, konnte eine recht beträchtliche Beschleunigung der Rechenarbeit erreicht werden. Was aber noch wichtiger ist, dieses Modell erschloß die Möglichkeit, jeweils eine größere Zahl von Varianten in kurzer Zeit durchzurechnen und damit das jeweilige Optimum auf wesentlich breiterer Basis zu ermitteln.

Die an sich hohen Anschaffungskosten dieses Netzmodells sind durch die erzielten Einsparungen infolge der genaueren Rechnung in kurzer Zeit amortisiert worden. So konnte durch sorgfältigere Berechnung mit Hilfe des Netzmodells festgestellt werden, daß der Einsatz von Synchronphasenschiebern zur

Abb. 3. Netzmodell, Steuer- und Meßpult

Abb. 4. Netzmodell, Verbindungssstecktafel

Blindstromkompensation im Hochspannungsnetz um einige Jahre hinausgeschoben werden kann. Dadurch konnten in diesen Jahren Investitionen in Höhe von etwa 5 Millionen DM vermieden werden. In einem anderen Fall wurde mit Hilfe des Netzmodells nachgewiesen, daß auf den Bau einer geplanten Hochspannungsleitung mit einem Aufwand von rund 10 Millionen DM verzichtet werden kann.

Ein Netzmodell gehört zur Gruppe der Analogrechner, die in verschiedenster Form für spezielle Zwecke eingesetzt werden können. Die mit ihnen erzielbare Genauigkeit ist für Netzberechnungen durchaus ausreichend, so daß für die Berechnung elektrischer Leitungsnetze mit ihrem außerordentlichen Umfang an zu verarbeitendem Zahlenmaterial vorwiegend Netzmodelle verwendet werden. Da es möglich ist, die bei der Netzberechnung anfallenden Aufgaben in Matrizenform zu kleiden, können auch Digitalrechenmaschinen eingesetzt werden [1]. Digitalrechner werden sich insbesondere dann als vorteilhaft erweisen, wenn es gilt, Netzberechnungen mit größerer Genauigkeit durchzuführen, wenn also z. B. in die Netzberechnungen die Ermittlung der Verluste einbezogen werden muß. Bei den immer größer werdenden Energiemengen, die zu transportieren sind, wird der Verlustminderung künftig schon bei der Projektierung wesentlich mehr Beachtung als bisher geschenkt werden müssen. Für derartige Rechnungen mit stark differenzierenden Größenordnungen reicht ein Analogrechner mit seiner Genauigkeit nicht mehr aus.

Auch auf dem Gebiet der Ferngasversorgung hat man versucht, für die Berechnung von Ferngasleitungssystemen Netzmodelle einzusetzen. Die bisher hierfür entwickelten Geräte haben allerdings noch nicht zu befriedigen vermocht. So bleibt also nach wie vor die Aufgabe, ein wirklich brauchbares Netzmodell für Gasnetze zu schaffen.

Optimierung beim Betrieb von Energieanlagen

Wenden wir uns nun dem Betrieb von Energieanlagen und den dort auftretenden Problemen der Optimierung zu und wählen wir wiederum als Beispiel ein Elektroenergieversorgungssystem. Mit dem Aufkommen der nationalen und internationalen Verbundwirtschaft sind die zusammengeschlossenen Systeme immer größer, vermaschter und komplizierter geworden. In ein solches Verbundsystem speist eine große Anzahl von Kraftwerken ein, während zahlreiche Leitungen der verschiedenen Spannungsebenen mit vielen Netzknotenpunkten die Elektroenergie transportieren und schließlich den Verbrauchern zuführen. Alle diese Anlagen können bezüglich ihrer Kapazität, Leistungs- und Übertragungsfähigkeit sehr unterschiedlich sein, vor allem aber können ihre Erzeugungs- und Transportkosten bzw. Verluste voneinander abweichen und in Abhängigkeit von der Belastung stark schwanken. Daraus ergibt sich die Aufgabe, den Einsatz der Kraftwerke, gegebenenfalls auch ihrer Maschinen, sowie den Einsatz der Leitungen so zu steuern, daß bei jedem Punkt der im Laufe eines Tages schwankenden Belastungskurve ein Minimum an

Verlusten oder Kosten entsteht. Diese Aufgabe gilt für umfangreiche Systeme, in gleichem Maße aber auch für deren Teile, also für Kraftwerke, Dampferzeuger usw.

Wenngleich derartige Optimierungsfragen des Betriebes auf den verschiedensten Gebieten der Energiewirtschaft auftreten, nicht nur in der Elektroenergiewirtschaft, werden in anderen Bereichen der Energiewirtschaft, z. B. im Bereich der Gasversorgung, betriebliche Optimierungsfragen nur sehr zurückhaltend behandelt, obwohl auch hier die umzuschlagenden Energiemengen immer größer werden und damit die Verluste sowie die Erzeugungs- und Transportkosten mehr und mehr an Bedeutung gewinnen.

Offensichtlich gibt es zwei Gründe, auf die diese Erscheinung zurückzuführen ist. Einmal müssen bei einer Optimierung verschiedene Möglichkeiten gegeben sein, aus denen die günstigste ausgesucht werden kann. In der Energiewirtschaft ist es aber zur Zeit häufig so, daß alle Anlagen voll in Betrieb sein müssen, daß also keine Möglichkeit einer Auswahl gegeben ist. Dies trifft in der Elektroenergiewirtschaft in der Spitzenbelastungszeit ein, in anderen Teilen der Energiewirtschaft auch bei längerem Betrieb. Je mehr der Engpaßzustand beseitigt wird, um so eher wird es möglich sein, in vielgestaltigen Energiesystemen die günstigste Fahrweise festzulegen und damit zu einem Optimum der Wirtschaftlichkeit zu kommen.

Der zweite Grund, der sich auf eine umfassendere Einführung der Optimierungsrechnung hemmend auswirkt, ist in den mangelnden Meßmöglichkeiten zu suchen. Die wichtigste Voraussetzung ist ja, alle Einflußfaktoren zu kennen, sie meßbar zu machen und in mathematische Beziehung zu bringen. Vor allem müssen die wichtigsten Werte gemessen werden, das heißt, die in die Rechnung bzw. in die Rechenmaschine eingehenden Werte müssen möglichst weitgehend durch unmittelbare Messungen, die zudem in kürzester Zeit vorliegen müssen, belegt werden. Wir müssen jedoch feststellen, daß die hierfür erforderlichen Voraussetzungen augenblicklich noch völlig ungenügend sind. Als Beispiel mögen die Kohlenanalysen in Kraftwerken oder Gaswerken dienen. Das mag daran liegen, daß die Schaffung bzw. Anwendung geeigneter Meßverfahren oftmals sehr schwierig und mitunter auch sehr aufwendig ist. Im Bereich der Elektroenergie bestehen noch die besten Möglichkeiten, so daß dort die Entwicklung schon weiter vorangeschritten ist mit dem Ergebnis, daß auf dem Gebiet der Elektroenergiewirtschaft auch die Optimierungsrechnungen für betriebliche Vorgänge verbreiteter sind.

Man kann also offenbar feststellen, daß die wesentlichsten Schwierigkeiten, die der Einführung einer allseitigen betrieblichen Optimierungsrechnung entgegenstehen, in erster Linie in der meßtechnischen Erfassung der benötigten Eingangswerte liegen. Es gilt also, vordringlich hier den Hebel zur Verbesserung anzusetzen, eine Aufgabe, die die Techniker zu lösen hätten. Dabei muß allerdings besonders darauf hingewiesen werden, daß die Meßwerte bei digitaler

Verarbeitung auch in digitaler Form anstehen müssen. In dieser Richtung wird noch erhebliche Entwicklungsarbeit zu leisten sein.

Das in der Elektroenergiewirtschaft schon seit langem geübte Verfahren der betrieblichen Optimierung ging vom optimalen Einsatz der Erzeugungsanlagen aus, das heißt der Einsatz der in ein Verbundsystem einspeisenden Kraftwerke wurde so gesteuert, daß die Kraftwerke mit den niedrigsten Selbstkosten die Grundlast und damit den größten Teil der elektrischen Arbeit zu erzeugen hatten und daß mit ansteigender Belastungskurve die weiteren Kraftwerke oder Kraftwerkmaschinen entsprechend der Höhe ihrer Selbstkosten bzw. entsprechend gleicher Zuwachskosten eingesetzt wurden.

Bei den bisherigen Verhältnissen war die Durchführung des ersten Verfahrens, das unter der Bezeichnung *Wirtschaftliche Lastverteilung* bekannt ist, noch mit verhältnismäßig einfachen Mitteln durchzuführen. Bei diesem Verfahren hatte man bewußt auf die Einbeziehung der Netzverluste und der sich daraus ergebenden Transportkosten verzichtet. Mit dem Anwachsen der zu transportierenden Mengen an Elektroenergie und mit der Ausdehnung der Verbundsysteme ergibt sich jedoch immer mehr die Notwendigkeit, auch den Energietransport und seine Auswirkungen in die Rechnung einzubeziehen. Dadurch und bei Berücksichtigung gleicher Zuwachskosten werden aber die Berechnungsverfahren immer umfangreicher und komplizierter. Die Entwicklung geht dahin, für die Optimierungsrechnungen beim Betrieb derartig großer Verbundsysteme besondere Rechenmaschinen einzusetzen [3]. In den letzten Jahren sind in verschiedenen Ländern entsprechende Geräte entwickelt worden. Abb. 5 vermittelt eine Vorstellung von einem solchen Gerät [5].

Auch in der DDR wird man sich bemühen müssen, baldmöglichst zur maschinellen Ermittlung der optimalen Betriebsverhältnisse im Elektroenergiesystem durch Einsatz von Spezialrechenmaschinen überzugehen.

Das wäre allein schon deshalb notwendig, weil der Lastverteiler in immer kürzerer Frist, die letztlich nach Minuten bzw. Sekunden bemessen wird, immer genauere Werte benötigt. Aus diesem Grunde ist das bisher geübte Verfahren, für bestimmte Lastverhältnisse die optimalen Einsatzverhältnisse von Hand zu errechnen, schon aus rein zeitlichen Gründen nicht mehr tragbar. Netzoptimierungsgeräte erhalten ihre Eingangswerte über Fernmeßkanäle von den einzelnen Meßstellen in den Kraftwerken oder in den Netzknotenpunkten. Diese können so eingerichtet werden, daß sie die Ergebnisse der in jedem Augenblick durchgeführten Rechnung dem Lastverteiler anzeigen oder die Rechenergebnisse den Einsatzstellen direkt bekanntgeben. Die letzte Lösung würde bedeuten, daß der Einsatz von derartigen Rechenmaschinen unmittelbar gesteuert wird.

Die eben beschriebenen Einrichtungen werden erst in einiger Zeit zur Verfügung stehen. Heute verfügen die Lastverteiler an speziellen Untersuchungs-

Abb. 5. Automatischer Lastverteiler, Gesamtansicht

geräten über Netzmodelle in vereinfachter Ausführung, die es ihnen gestatten, die Schaltzustände zu überprüfen, vor allem in bezug auf Leistungsfluß und Spannungshaltung. Ein solches Gleichstromnetzmodell zeigt Abb. 6. Darüber hinaus wird bei uns gegenwärtig eine Tableausteuerung entwickelt, die den Lastverteiler in die Lage versetzt, die aus den ihm heute bereits durch Fernmessung zugeleiteten Meßwerten errechneten Werte mit einer wesentlichen Zeitverkürzung an die in Frage kommenden Einsatzstellen zu übermitteln.

Parallel zu der sich in den Netzsystemen vollziehenden Entwicklung zeichnet sich auch beim Betrieb bestimmter Anlagen innerhalb der Netzsysteme eine ähnliche Entwicklungstendenz ab. Je häufiger in den Kraftwerken die Dampferzeuger oder ganze Blöcke durch entsprechende Regelanlagen automatisch geregelt werden, desto größer wird die Möglichkeit, die Regelung von Dampferzeugern so zu lenken, daß jeden Augenblick der Lastbestpunkt in Abhängigkeit von der Belastung eingestellt werden kann. Solche in Kraftwerken einsetzbaren — neuerdings vor allem für Kraftwerksblöcke mit großen Leistungen

Abb. 6. Gleichstromnetzmodell

— weitgehend automatischen Rechenanlagen befinden sich bereits in Betrieb bzw. in Erprobung.

In diesem Zusammenhang sei bemerkt, daß geregelte Kraftwerksanlagen eine dezentrale Regelung ganzer Verbundsysteme untersuchungswert erscheinen lassen. Dabei würde jedes Kraftwerk das Optimum seiner Energieabgabe hinsichtlich Erzeugungskosten sowie unter Berücksichtigung minimaler Leitungsverluste selbst bestimmen [6].

In den kommenden Jahren werden solche und ähnliche Verfahren nicht auf Kraftwerke und Elektroenergiesysteme beschränkt bleiben, sie werden auch in andere Bereiche der Energiewirtschaft Eingang finden. Geeignet dafür wären u. a. die Anlagen der Gaserzeugung und Ferngasverteilung. Wenn heute noch eine optimale Fahrweise von Hand errechnet und eingestellt werden kann, werden beim Größerwerden der Anlagen auch hierbei maschinelle Einrichtungen eingesetzt werden müssen. Wie in allen anderen Fällen wird auch hier die Entscheidung, inwieweit voll automatisierte Regelungsanlagen unter Zuhilfenahme von Rechenmaschinen zweckmäßig und wirtschaftlich tragbar sind, vorwiegend davon abhängen, wieviel Personal und wieviel Material, insbesondere Einsatzmaterial, eingespart werden kann und in welchem Verhältnis die Anschaffungskosten zu den Einsparungen stehen. Die Erfahrungen anderer Länder zeigen, daß die erzielbaren Einsparungen und Vorteile den Einsatz von komplizierten Steuer- und Rechenanlagen mit ihren hohen Anschaffungskosten durchaus rechtfertigen können.

Optimierung bei der energetischen Perspektivplanung

Ein weiteres Gebiet im Rahmen der Energiewirtschaft, für das die Optimierung eine stärkere Bedeutung erlangen wird, ist das der energetischen Perspektivplanung. Hier stehen wir allerdings erst an den Anfängen der wissenschaftlichen Erschließung, wobei aber schon deutlich erkennbar ist, daß raschere und zuverlässigere Ermittlungen optimaler Lösungen bei gesamtenergetischen Bilanzen immer wichtiger und dringender werden. Die Entwicklung zweckmäßiger Verfahren und die mit ihrer Hilfe bei geringerem Zeitaufwand gewinnbaren Erkenntnisse bilden eine wichtige Grundlage für viele volkswirtschaftliche Entscheidungen. Auch hier muß bei der Lösung entsprechender Aufgaben ein beträchtlicher Umfang an Zahlenmaterial verarbeitet werden, der nur mit Hilfe von Rechenmaschinen zu bewältigen ist.

Die energetische Perspektivplanung ist in den letzten Jahren in vielen Ländern stark in den Vordergrund getreten. Man mußte feststellen, insbesondere in den Jahren nach dem letzten Weltkrieg, daß der Energiebedarf von Jahr zu Jahr in starkem Maße zunahm, und zwar nicht linear, sondern progressiv. Da eine Änderung dieser Tendenz nicht zu erwarten ist, steht die Notwendigkeit bevor, auch für die Zukunft, nämlich — soweit heute erkennbar — für mehrere Jahrzehnte, mit einem weiteren progressiven Ansteigen des Energiebedarfs zu rechnen. Die zu erwartende Zunahme des Energiebedarfs stellt aber jede Volkswirtschaft vor außerordentlich schwierige Probleme der Beschaffung der Rohenergie, der Bereitstellung von Investitionsmitteln, von Material, Arbeitskräften usw., die in der Planung rechtzeitig berücksichtigt und mit immer größerer Genauigkeit ermittelt werden müssen.

Um die Größenordnung darzustellen, um die es bei der zu erwartenden Energiebedarfszunahme geht, möge ein Beispiel dienen. Nach unseren derzeitigen Erkenntnissen wird der Umfang der Grundmittel der Elektroenergieversorgung einschließlich der dazugehörigen Rohenergiebasis in den kommenden 20 Jahren um den gleichen Betrag erweitert werden müssen, den heute der Wert der Grundmittel der gesamten Volkswirtschaft der DDR ausmacht.

Da wir die Mittel der Volkswirtschaft nicht unbegrenzt ausweiten können, muß die notwendige Erweiterung der Energiebasis mit dem geringsten Aufwand an Investitionsmitteln, Material, Arbeitskräften usw. erfolgen. Neben einer ständigen Erhöhung der Arbeitsproduktivität spielt dabei die Suche nach der jeweils optimalen Lösung bei allen Planungen, Projektierungen und beim Bau von Anlagen wie auch für den Betrieb der Anlagen eine ganz entscheidende Rolle. Hinzu kommt, daß sich in der DDR für die nächsten Jahrzehnte einschneidende Veränderungen in der Rohenergiebasis abzeichnen mit der Notwendigkeit, andere Rohenergiequellen innerhalb oder durch Austausch außerhalb unseres Landes zu erschließen. Damit eröffnen sich für uns neuartige Perspektiven, die einer gründlichen Prüfung auch hinsichtlich der wirtschaftlichsten Lösungen unterzogen werden müssen.

Uns steht also die Aufgabe bevor, den Energiebedarf für einen möglichst weiten Zeitraum im voraus — mindestens für 20 Jahre — mit möglichst großer Genauigkeit zu ermitteln. Diesem Bedarf ist in einer Energiebilanz die Bedarfsdeckungsmöglichkeit gegenüberzustellen, unter Berücksichtigung der Verluste bei der Gewinnung von Rohenergie, bei der Umwandlung der Energieträger sowie beim Transport der Energieträger. Energiebilanzen aufzustellen ist bei der Kompliziertheit und Verflechtung der Energiewirtschaft ein außerordentlich zeitraubendes und schwieriges Unterfangen. Eine solche Aufgabe kann letzten Endes nur durch den Einsatz von Rechenmaschinen erfolgreich gelöst werden.

Hierfür sind allerdings einige grundlegende Voraussetzungen zu schaffen. Als erstes muß eine Energiewirtschaft systematisch geordnet werden, von der Rohenergie bis zur Verbrauchsenergie, wie das auf Abb. 7 dargestellt wird [8].

Die Abbildung veranschaulicht stark vereinfacht senkrecht den Energiefluß von der Naturenergie über Rohenergie, Umwandlungsenergie und Verbrauchsenergie zur Nutzenergie, während von links nach rechts die verschiedenartigen Energieträger dargestellt sind. Eine besondere Aufgabe besteht nun darin, von einem solchen Bilanzschema ausgehend, eine Kontierung der Energieträger in jeder der Stufen vorzunehmen, um damit eine wesentliche Voraussetzung für eine maschinelle Errechnung einer Bilanz und für deren Auswertung zu schaffen. Weitere wichtige Aufgaben bestehen darin, ein einheitliches Maß, in dem alle Energieträger zahlenmäßig dargestellt werden können, festzulegen sowie die Verluste und die Import- und Exportmengen in einer solchen Bilanz entsprechend auszuweisen.

Die Kompliziertheit einer solchen gesamtenergetischen Bilanz resultiert daraus, daß in der DDR derzeitig rund über 20 verschiedenartige Energieträger den Verbrauchern zur Verfügung stehen, die 5 Stufen von der Naturenergie bis zur Nutzenergie durchlaufen, zum Teil unter Überspringung einzelner Stufen. Diese verschiedenen Energieträger sind häufig miteinander gekuppelt, sie können zudem wahlweise bei den Verbrauchern eingesetzt werden, so daß sich eine weitgehende Verflechtung innerhalb der Energiewirtschaft ergibt. Hinzu kommt, daß an allen Gewinnungs-, Umwandlungs- und Transportstellen Verluste auftreten, die in ihrer Vielgestaltigkeit zur weiteren Komplizierung des Bildes beitragen und, was besonders erschwerend ins Gewicht fällt, zur Zeit kaum durch Messung erfaßt werden können. Weitere Probleme ergeben sich daraus, daß bei einer Reihe von Energieumwandlungsverfahren mehrere Produkte erzeugt werden, z. B. in Heizkraftwerken Elektroenergie und Dampf oder in Gaswerken bzw. Kokereien neben Gas auch noch Koks, Benzol und sonstige Produkte. Auch diese Kuppelproduktionen in einer energe-

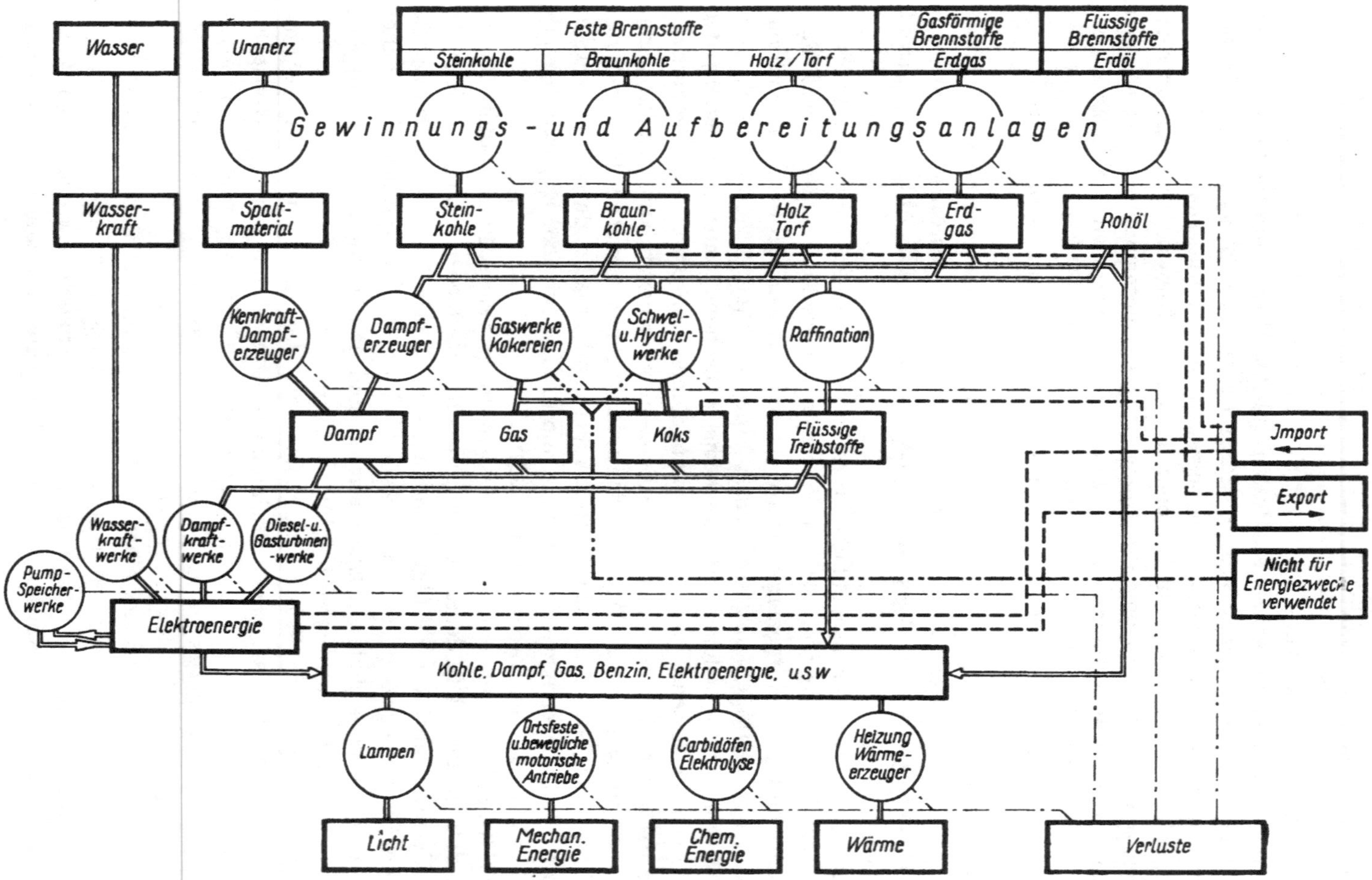

Abb. 7. Energiebilanzschema

tischen Bilanz darzustellen und rechnerisch zu erfassen ist eine schwierige und noch nicht endgültig gelöste Aufgabe.

Bei derartigen gesamtenergetischen Betrachtungen spielen für die Suche der optimalen Lösung die an den verschiedensten Stellen in mannigfacher Form und Größe auftretenden Verluste neben den Kosten und etwaigen weiteren Einflußfaktoren eine entscheidende Rolle. Während die Kosten in der Regel erfaßbar sind, ist dies bei den in die Bilanz einzusetzenden Verlusten gegenwärtig noch nicht hinreichend der Fall. Man ist daher zur Zeit genötigt, bei dem größten Teil der an sich bekannten Verlustquellen die Höhe der auftretenden Verluste zu schätzen. Es ist also eine der wichtigsten Aufgaben, für eine bessere zahlenmäßige Erfassung der Verluste durch möglichst genaue Messungen zu sorgen.

Auch bei der Ausarbeitung exakter Bilanzen, vor allem, wenn mit ihrer Hilfe die zweckmäßigsten und wirtschaftlichsten Lösungen bei der Abstimmung des Energiebedarfs mit der Bedarfsdeckung ermittelt werden sollen, muß eine ausreichend genaue Erfassung möglichst vieler Werte vorangehen. Dabei spielt die Statistik, vorausgesetzt, daß sie zweckmäßig und sinnvoll aufgebaut ist, eine wesentliche und bedeutende Rolle. Ein weiteres Erfordernis besteht darin, die Wechselbeziehungen innerhalb der Verflechtung der Energiewirtschaft und der Verflechtung der Energiewirtschaft mit der Volkswirtschaft aufzuspüren und sie in mathematische Beziehungen zu bringen, um sie der Rechnung zugänglich zu machen. Erst wenn diese Voraussetzungen geschaffen sind, können Rechenmaschinen mit Erfolg eingesetzt werden. Wir glauben, daß wir in nicht allzu ferner Zeit dieses Ziel erreicht haben werden.

Zusammenfassung

Neben den hier angeführten Beispielen gibt es noch zahlreiche weitere Fälle in der Energiewirtschaft, in denen Optimierungsrechnungen durchgeführt werden bzw. durchgeführt werden müssen. Für alle Gebiete wird in Zukunft dieses Verfahren beträchtlich an Bedeutung gewinnen, wobei neben einer Erweiterung der Anwendungsgebiete vor allem durch Verfeinerung und Verbesserung der Rechenmethoden erreicht werden muß, daß die maßgebenden Einflußfaktoren umfassender und zuverlässiger erfaßt und berücksichtigt werden.

Da die zu untersuchenden Probleme immer komplizierter und hinsichtlich des zu verarbeitenden Materials von Tag zu Tag umfangreicher werden, ist eine zweckdienliche Aufbereitung des anfallenden Materials unter Zuhilfenahme mathematischer Hilfsmittel von besonderer Wichtigkeit. Die Energiewirtschaft steht, auch wenn die ersten Anfänge bereits getan sind, noch vor zahlreichen Problemen, die vorbereitend einer grundsätzlichen Lösung zugeführt werden müssen. Die Energiewirtschaft wird den Kollegen von der Mathematik für eine dabei gewährte Unterstützung besonders dankbar sein. Neue Probleme werden beim Einsatz großer elektronischer Rechenmaschinen auftreten, die ebenfalls gemeistert werden müssen. Auch hier wird die angewandte Mathematik der Energiewirtschaft wertvolle Hilfestellung geben können.

Durch die ständige Optimierungsuntersuchung und die dauernde Erweiterung der einer Optimierungsrechnung zuzuführenden Probleme kann bei der immer größer werdenden Ausdehnung der Energieanlagen gesichert werden, daß mit dem geringstmöglichen Einsatz von Investitionsmitteln, Material, Arbeitskräften usw. der höchstmögliche Nutzeffekt für die Volkswirtschaft erreicht wird. Darin liegt die ausschlaggebende Bedeutung dieses Verfahrens.

Literatur

[1] Weise, G., Grundlagen des elektronischen Digitalrechners und seiner Anwendung für Probleme der Elektroenergieübertragung. Mitteilungen des Instituts für Energetik, Leipzig (1961) H. 35, 260.

[2] Heyken, K., Das neue Wechselstromnetzmodell des Instituts für Energetik. Mitteilungen des Instituts für Energetik, Leipzig (1959) H. 20, 589.

[3] Schneider, W., Analoge Rechengeräte für eine exakte wirtschaftliche Lastverteilung in elektrischen Netzen. Österr. Z. Elektrizitätswirtsch. (1961) H. 1, 15.

[4] Nemtschinow, W. S., Die Anwendung mathematischer Methoden in der Wirtschaftsforschung und Planung. Sowjetwissenschaft, Gesellschaftswissenschaftliche Beiträge **10** (1960) 1111.

[5] Economy Dispatch Computer. Druckschrift der Florida Power and Light Company.

[6] Moskaljew, A. G., Automatische Frequenz- und Übergabeleistungsregelung in Energiesystemen, Moskau 1960.

[7] Lesemann, K.-J., Prozeß-Rechenanlage ermöglicht rationelleren Betrieb von Kraftwerken. Elektron. Rechenanlagen (1961) H. 3, 101.

[8] Almers, H., Entwicklung der Energiewirtschaft und wissenschaftliche Forschung. Energietechnik (1961) H. 12, 529.

Dr. Joachim Piehler
VEB Leuna-Werke „Walter Ulbricht“

LINEARE OPTIMIERUNG IN DER CHEMISCHEN INDUSTRIE

Im folgenden sollen lineare Optimalprobleme aus der chemischen Industrie behandelt werden. Derartige Aufgaben treten recht häufig auf, und im VEB Leuna-Werke „Walter Ulbricht“ wurden bereits verschiedene mit Erfolg gelöst. Zweck dieses Vortrages ist es, einige typische lineare Optimalprobleme herauszugreifen und deren mathematische Formulierung anzugeben. Mit diesen Beispielen kann natürlich kein Anspruch auf Vollständigkeit erhoben werden; sie sind außerdem verglichen mit der Wirklichkeit, z. T. stark vereinfacht, um das Typische nicht durch übermäßige Kompliziertheit in den Hintergrund treten zu lassen. Einzelne Lösungsmethoden sollen ebenfalls nicht näher betrachtet werden. Es sei lediglich bemerkt, daß wir meist die Simplexmethode benutzen, die wohl auch die bekannteste und verbreitetste Lösungsmethode sein dürfte. Schließlich soll noch darauf hingewiesen werden, daß die direkt mit der Produktion zusammenhängenden linearen Optimalprobleme der chemischen Industrie infolge der kontinuierlichen Fertigung ebenfalls kontinuierlich sind. Es treten also keine Probleme auf, bei denen die Lösung aus ganzzahligen Werten bestehen muß, wie etwa dann, wenn es sich bei den Variablen um Anzahlen handelt. Die exakte Behandlung solcher ganzzahliger Aufgaben wäre wesentlich umständlicher.

Nun zu den einzelnen Beispielen. Als *erstes* und wohl wichtigstes Problem soll die Bestimmung der *optimalen Kapazitätsauslastung* betrachtet werden. Nehmen wir ein gekoppeltes Betriebssystem an, das n_f Fertigprodukte $f_1, f_2, \ldots, f_{n_f}$ erzeugt, n_a Aufwandarten $a_1, a_2, \ldots, a_{n_a}$ benötigt, n_d Durchsatzgrößen $d_1, d_2, \ldots, d_{n_d}$ zur Charakterisierung der Produktion der Einzelbetriebe erfordert und wobei außerdem n_t Einflußgrößen $t_1, t_2, \ldots, t_{n_t}$ eine Rolle spielen. Nach dem Vorgange von O. Pichler [1] kann einem derartigen Betriebssystem eine Matrix

$$\mathfrak{Q} = \begin{pmatrix} \mathfrak{Q}_{11} & \mathfrak{Q}_{12} \\ \mathfrak{Q}_{21} & \mathfrak{Q}_{22} \end{pmatrix}$$

zugeordnet werden (Kopplungsmatrix), die die Beziehung

$$\begin{pmatrix} \mathfrak{f} \\ \mathfrak{a} \end{pmatrix} = \begin{pmatrix} \mathfrak{Q}_{11} & \mathfrak{Q}_{12} \\ \mathfrak{Q}_{21} & \mathfrak{Q}_{22} \end{pmatrix} \begin{pmatrix} \mathfrak{d} \\ \mathfrak{t} \end{pmatrix}$$

oder — anders dargestellt —

$$\mathfrak{f} = \mathfrak{Q}_{11}\mathfrak{d} + \mathfrak{Q}_{12}\mathfrak{t}$$
$$\mathfrak{a} = \mathfrak{Q}_{21}\mathfrak{d} + \mathfrak{Q}_{22}\mathfrak{t}$$

vermittelt. Mit $\mathfrak{f}$, $\mathfrak{a}$, $\mathfrak{d}$, $\mathfrak{t}$ sollen die Vektoren aus den entsprechenden Komponenten f_i, a_i, d_i, t_i bezeichnet sein.

Unter dem wirtschaftlichen Ergebnis, das das Betriebssystem erzielt, wollen wir den Ausdruck

$$z = \sum_{i=1}^{n_f} p_i f_i - \sum_{i=1}^{n_a} p_i' a_i - A$$

verstehen, wo p_i die Verkaufspreise pro Mengeneinheit der Produkte f_i, p_i' die Einkaufspreise pro Mengeneinheit der Aufwandart a_i und A die sonstigen Kosten wie Löhne, Reparaturkosten, Abschreibungen usf. bezeichnen. Diese sonstigen Kosten wollen wir sämtlich der Einfachheit halber als konstant, also als unabhängig von der Produktionshöhe annehmen.

Das wirtschaftliche Ergebnis ist zu maximieren, wobei aber natürlich noch gewisse Nebenbedingungen bestehen. Dieses sind einmal Kapazitätsbeschränkungen, die die Form

$$\underline{d}_i \leqq d_i \leqq \bar{d}_i \qquad (i = 1, 2, \ldots, n_d)$$

haben, wobei $\underline{d}_i$ und $\bar{d}_i$ die unteren und oberen Kapazitätsschranken bezeichnen und die $\underline{d}_i$ im allgemeinen gleich 0 sind. Darüber hinaus können Rohstoffschranken auftreten, etwa in der Form

$$a_i \leqq \bar{a}_i,$$

wo $\bar{a}_i$ die größtmögliche verfügbare Rohstoffmenge bezeichnet.

Doch auch die Fertigprodukte können gewisse Bedingungen zu erfüllen haben. Wenn nämlich ein bestimmtes Produkt f_i für den Betrieb ein Verlustprodukt ist, so würde es am günstigsten sein, davon nichts zu produzieren; in der Lösung würde $f_i = 0$ erscheinen. Hat ein derartiges Produkt aber für die Volkswirtschaft große Bedeutung, so kann dem Betrieb etwa die Mindestproduktion $\underline{f}_i$ vorgeschrieben sein, so daß eine weitere Bedingung

$$f_i \geqq \underline{f}_i$$

zustande kommt.

Schließlich können noch Qualitätsforderungen an Rohstoffe und Fertigprodukte gestellt werden. Das ergibt dann meist Bedingungen, wie sie in den beiden folgenden Beispielen für optimale Mischungen und optimale Rohstoffverteilungen behandelt werden, so daß jetzt nicht näher darauf eingegangen zu werden braucht.

Mittels der Kopplungsmatrix müssen nun alle f_i und a_i in den Nebenbedingungen durch die Durchsätze und Einflußgrößen ausgedrückt werden.

Die Einflußgrößen sind nicht frei wählbar, sondern sie müssen vorher bestimmt oder abgeschätzt werden. Sie erhalten dann bestimmte Zahlenwerte. So bekommt man ein Optimalproblem allein in den Durchsätzen. Nach Ermittlung der Lösung kann man auf Grund der Kopplungsmatrix wieder auf die zugehörigen (optimalen) Fertigprodukt- und Rohstoffmengen zurückschließen.

Hierzu soll noch ein spezielles Beispiel betrachtet werden. Dabei ist das folgende Fließbild zugrunde gelegt:

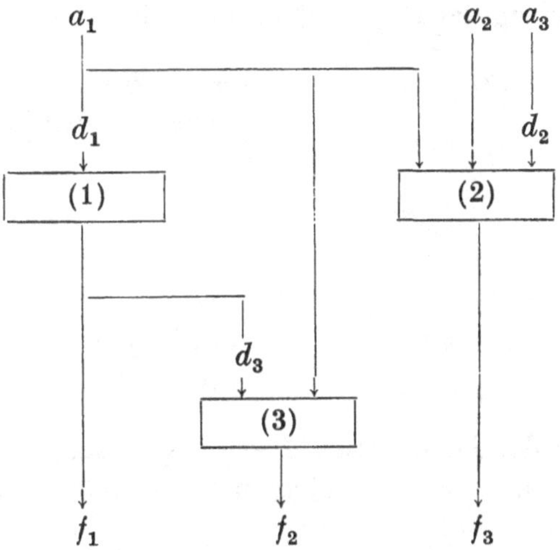

Die Matrix $\mathfrak{Q}$ hat folgende Gestalt, wenn wir noch eine Einflußgröße für den Verbrauch an Rohstoff a_1, etwa die Zeit, annehmen:

	d_1	d_2	d_3	t_1
f_1	q_{11}	0	-1	0
f_2	q_{21}	0	q_{23}	0
f_3	0	q_{32}	0	0
a_1	1	q'_{12}	q'_{13}	q'_{14}
a_2	0	q'_{22}	0	0
a_3	0	1	0	0

Sämtliche q_{ik} sollen positiv sein, damit sowohl die nach außen abgegebenen Fertigproduktmengen f_i als auch die von außen aufzunehmenden Rohstoffmengen a_i positiv herauskommen.

Der Rohstoff a_1 steht nur in der Menge $\bar{a}_1$ zur Verfügung, während die beiden anderen in beliebigen Mengen vorhanden sind. Das Produkt f_1 ist mit mindestens $\underline{f}_1$ zu erzeugen und die oberen Kapazitätsschranken sind $\bar{d}_1, \bar{d}_2, \bar{d}_3$, während die unteren gleich Null sind. Dann lautet unser Problem zunächst

$$
\begin{aligned}
z = \sum_{i=1}^{3} p_i f_i - \sum_{i=1}^{3} p_i' a_i - A &= \max! \\
0 \leqq d_i \leqq \bar{d}_i \quad (i &= 1, 2, 3) \\
f_1 &\geqq \underline{f}_1 \\
a_1 &\leqq \bar{a}_1 .
\end{aligned}
$$

Unter Berücksichtigung der Matrix $\mathfrak{Q}$ ergibt sich dann

$$
\begin{aligned}
z = (p_1 q_{11} + p_2 q_{21} - p_1') d_1 + (p_3 q_{32} - p_1' q_{12}' - p_2' q_{22}' - p_3') d_2 & \\
+ (-p_1 + p_2 q_{23} - p_1' q_{13}') d_3 &= \max! \\
d_1 \qquad\qquad\qquad &\leqq \bar{d}_1 \\
d_2 \qquad\qquad &\leqq \bar{d}_2 \\
d_3 &\leqq \bar{d}_3 \\
q_{11} d_1 \qquad\qquad - d_3 &\geqq \underline{f}_1 \\
d_1 + q_{12}' d_2 + q_{13}' d_3 &\leqq \bar{a}_1 - q_{14}' t_1 \\
d_1, d_2, d_3 \qquad\qquad &\geqq 0 .
\end{aligned}
$$

Die fixen Kosten in der Zielfunktion sind weggelassen, da eine additive Konstante die Lage des Optimums offenbar nicht beeinflußt; dasselbe gilt für das Glied $-p_1' q_{44} t_1$.

Wir haben nun die typische Form eines linearen Optimalproblems erhalten: Es ist ein Extremwert einer linearen Funktion mehrerer Veränderlicher zu bestimmen, wobei diese Veränderlichen gewissen Ungleichungen oder auch Gleichungen genügen müssen und nicht negativ sein dürfen.

Die *zweite* wichtige Gruppe von linearen Optimalproblemen besteht in den *Mischungsaufgaben*. Es sind n Stoffe $A_1, A_2, \ldots, A_n$ gegeben, die aus gewissen Bestandteilen bestehen und unterschiedliche Preise haben. Sie sollen so gemischt werden, daß eine vorgegebene Menge Mischung entsteht, in der die einzelnen Komponenten bestimmte Bedingungen erfüllen und das Gemisch möglichst billig wird. Darüber hinaus können Mengenbeschränkungen auftreten, indem einige der Stoffe A_j nur in beschränkten Mengen vorhanden sind.

Seien $p_j (j = 1, 2, \ldots, n)$ die Preise pro Mengeneinheit der Stoffe, $a_{ij} (i = 1, 2, \ldots, m)$ die Anteile der Bestandteile der Stoffe, die in der Mischung irgendwelchen Bedingungen unterworfen sind, und $x_j \geqq 0$ die Mengen der Stoffe A_j in der Mischung. Die Zielfunktion ist jetzt

$$z = p_1 x_1 + p_2 x_2 + \cdots + p_n x_n = \min!$$

Die Nebenbedingungen lauten, wenn a_i der geforderte Mindest- oder Höchstgehalt des entsprechenden Bestandteils in der Mischung und y die geforderte

Mischungsmenge ist,

$$a_{i1}x_1 + a_{i2}x_2 + \cdots + a_{in}x_n \gtreqless a_i y \qquad (i = 1, 2, \ldots, m).$$

Die Ungleichheits- und Gleichheitszeichen richten sich danach, ob es sich um eine Mindest-, Höchst- oder evtl. auch Gleichheitsforderung handelt. Dazu treten noch eine Bilanzgleichung der Form

$$x_1 + x_2 + \cdots + x_n = y$$

und gegebenenfalls Mengenbeschränkungen

$$x_i \leqq \bar{x}_i.$$

Bei den Bestandteilen, die irgendwelchen Bedingungen unterworfen sind, braucht man nicht unbedingt an Stoffanteile zu denken. Vielmehr kann man auf diese Art auch eine Reihe anderer Stoffeigenschaften behandeln. Nehmen wir etwa an, daß das Stoffgemisch nur einen bestimmten Maximalheizwert $\bar{h}$ haben darf; sind dann h_j die Heizwerte der einzelnen Stoffe pro Mengeneinheit, so ist die Nebenbedingung

$$h_1x_1 + h_2x_2 + \cdots + h_nx_n \leqq \underline{h}y$$

zu erfüllen.

Bedingungen für Oktanzahlen bei Kraftstoffgemischen, Temperaturbedingungen und eine ganze Reihe weiterer Forderungen können auf diese Weise Berücksichtigung finden.

Ein spezielles Beispiel, das von uns behandelt wurde, ist ein Gasmischungsproblem. Aus drei Gasen G_1, G_2, G_3 mit unterschiedlichen Heizwerten h_1, h_2, h_3, Schwefelgehalten s_1, s_2, s_3 und Herstellungskosten p_1, p_2, p_3 ist eine Menge y eines Mischgases herzustellen, dessen Heizwert zwischen zwei Schranken $\underline{h}$ und $\bar{h}$ liegt, dessen Schwefelgehalt eine Schranke $\bar{s}$ nicht übersteigt und das möglichst billig wird. Bezeichnen x_1, x_2, x_3 die Mengen an G_1, G_2, G_3, so lautet das Problem

$$\begin{aligned} z = p_1x_1 + p_2x_2 + p_3x_3 &= \min! \\ h_1x_1 + h_2x_2 + h_3x_3 &\leqq \bar{h}y \\ h_1x_1 + h_2x_2 + h_3x_3 &\geqq \underline{h}y \\ s_1x_1 + s_2x_2 + s_3x_3 &\leqq \bar{s}y \\ x_1 + \quad x_2 + \quad x_3 &= \quad y \\ x_1, \quad x_2, \quad x_3 &\geqq 0. \end{aligned}$$

Das dritte Gas war dabei ein zwangsläufig anfallendes Restgas, das nur in beschränkten und nicht frei wählbaren Mengen zur Verfügung steht. Man hat dann als weitere Nebenbedingung

$$x_3 \leqq \bar{x}_3,$$

wo $\bar{x}_3$ die zur Verfügung stehende Menge bezeichnet. Da $\bar{x}_3$ (und auch die geforderte Mischungsmenge y) häufigen und verhältnismäßig starken Schwankungen unterliegt, hat P. STAHLKNECHT [2] ein Verfahren angegeben, bei dem man die Optimallösung mit unbestimmten Werten $\bar{x}_3$ und y aufsucht und in Abhängigkeit von diesen darstellt. Man erhält dann eine endliche Anzahl von Lösungen, die innerhalb gewisser Intervalle der unbestimmten Größen gültig sind. Die Lösungen für spezielle $\bar{x}_3$ und y ergeben sich dann durch einfaches Einsetzen der entsprechenden Zahlenwerte. Das Verfahren ist natürlich nicht auf zwei veränderliche Größen beschränkt. Daß dabei die duale Simplexmethode mit Vorteil verwendet wird, sei nur am Rande vermerkt.

Das *dritte* Beispiel behandelt die *optimale Verteilung von Rohstoffen*. Die Verhältnisse liegen in vielen Fällen so, daß irgendein Rohstoff qualitätsmäßig nicht einheitlich ist. Betrachten wir etwa den in der chemischen Industrie außerordentlich wichtigen Rohstoff Koks, so kann dieser bei verschiedenen Qualitätsmaßstäben unterschiedlich sein, z. B. im C-Gehalt, in der Festigkeit u. ä. Wenn aber Koks an verschiedenen Einsatzstellen gebraucht wird, so können die dort gestellten Qualitätsforderungen recht unterschiedlich sein, und es wird um so mehr Koks gebraucht, je schlechter die Qualität ist. Wir wollen dabei — um zu zeigen, daß nicht immer nur Kosten optimiert werden müssen — die Verteilung so bestimmen, daß die Gesamtmenge des benötigten Kokses ein Minimum wird.

Wir werden das Problem wieder allgemein formulieren und statt von Koks von einem beliebigen Rohstoff R sprechen. Es gebe n Sorten dieses Rohstoffs und m Einsatzstellen. Um die einzelnen Sorten überhaupt vergleichen zu können, führen wir eine Normalqualität ein, also eine gedachte Sorte mit bestimmten Normeigenschaften. Natürlich kann diese Normalsorte auch mit einer der vorhandenen übereinstimmen. Sei n_i der Bedarf an Normalrohstoff in der Einsatzstelle i. Setzt man eine Sorte k ein, so wird man mehr oder weniger brauchen, je nachdem die Qualität bezüglich des in der Einsatzstelle i geforderten Merkmals schlechter oder besser als die Normalqualität ist. Die Umrechnung kann dann mittels „Wirkungsfaktoren" w_{ik} erfolgen, die entweder erfahrungsstatistisch oder theoretisch ermittelt werden können. Sie sind so definiert, daß man anstatt n_i Normalrohstoff in der Einsatzstelle i nun $\frac{n_i}{w_{ik}}$ Rohstoff der Sorte k braucht. Bezeichnen wir mit $x_{ik} \geqq 0$ die verbrauchte Menge der Sorte k in der Einsatzstelle i, so gilt für die Einsatzstelle i die Bedingung

$$w_{i1}x_{i1} + w_{i2}x_{i2} + \cdots + w_{in}x_{in} = n_i\,.$$

Da die einzelnen Rohstoffe im allgemeinen nur in beschränkten Mengen, etwa $r_k (k = 1, 2, \ldots, n)$ zur Verfügung stehen, erhält man weitere Nebenbedingungen der Form

$$x_{1k} + x_{2k} + \cdots + x_{mk} \leqq r_k$$

und damit das folgende Optimalproblem

$$z = \sum_{i=1}^{m} \sum_{k=1}^{n} x_{ik} = \min!$$

$$\begin{array}{rcl}
w_{11}x_{11} + w_{12}x_{12} + \cdots + w_{1n}x_{1n} &=& n_1 \\
w_{21}x_{21} + w_{22}x_{22} + \cdots + w_{2n}x_{2n} &=& n_2 \\
\cdots\cdots\cdots\cdots\cdots & & \\
w_{m1}x_{m1} + w_{m2}x_{m2} + \cdots + w_{mn}x_{mn} &=& n_m \\
x_{11} + x_{21} + \cdots + x_{m1} &\leqq& r_1 \\
x_{12} + x_{22} + \cdots + x_{m2} &\leqq& r_2 \\
\cdots\cdots\cdots\cdots\cdots & & \\
x_{1n} + x_{2n} + \cdots + x_{mn} &\leqq& r_n \\
x_{ik} &\geqq& 0
\end{array}$$

$$(i = 1, 2, \ldots, m; \quad k = 1, 2, \ldots, n).$$

Derartige Probleme treten — wie bereits bemerkt — oft gemeinsam mit Problemen auf, wie sie im ersten Beispiel betrachtet wurden. Das letzte Beispiel ist jedoch wesentlich einfacher und im allgemeinen auch viel weniger umfangreich, da man hier auf die Kopplungen der Betriebe keine Rücksicht zu nehmen braucht. Man kann hierbei natürlich auch die gesamten Rohstoffkosten minimieren und erkennt, daß es sich dabei eben auch nur um eine „Komponente" des wirtschaftlichen Ergebnisses handelt.

In der chemischen Industrie können nun selbstverständlich auch verschiedene „nichtspezifische" lineare Optimalprobleme auftreten. In vielen Fällen wird es sich dabei um Transportprobleme handeln, deren Lösung auf Grund ihrer speziellen Gestalt meist einfacher als in allgemeinen Fällen ist; doch soll darauf hier nicht näher eingegangen werden.

Abschließend sei bemerkt, daß nicht alle Optimalprobleme in der chemischen Industrie unter die bisher betrachteten linearen Probleme fallen. Das gilt besonders für Optimalprobleme in der Verfahrenstechnik, etwa für die Bestimmung der optimalen Fahrweise vorhandener Aggregate durch entsprechende Wahl der Produktionsparameter oder die optimale Auslegung neuer Aggregate bei der Projektierung. Diese Aufgaben bilden jedoch einen ganz anderen Problemkreis, der auch mit anderen Methoden anzugreifen ist.

Literatur

[1] Pichler, O., Betriebswirtschaftliche Anwendungsgebiete für moderne Rechenanlagen. Ber. ü. d. Intern. Kolloquium über Probleme der Rechentechnik, Dresden (1955) 5—13.

[2] Stahlknecht, P., Linear programming bei betriebswirtschaftlichen Problemen mit veränderlichen Bedingungen. Wiss. Z. der Karl-Marx-Univ. Leipzig, math.-naturwiss. R. 8 (1958/59) 693—703.

DISKUSSION

Prof. Dr. Ludwig Küttner
Hochschule für Architektur und Bauwesen Weimar,
Lehrstuhl für Gebiets- und Städteplanung

ZU PROBLEMEN DER OPTIMIERUNG IN DER GEBIETSPLANUNG

Als Architekt möchte ich Ihre Aufmerksamkeit auf einen Problemkreis richten, der unserer Volkswirtschaft beim entfalteten Aufbau des Sozialismus jährlich Millionen DM einsparen könnte. Es handelt sich um die Gebiets-, Stadt- und Dorfplanung, einen integrierenden Bestandteil der Volkswirtschaftsplanung. Letzten Endes geht es um die territoriale Verteilung der Investitionen in unseren Bezirken, Kreisen, Städten und Dörfern. Die mathematische Seite dieses Planungsbereiches ist allerdings nur durch die Entwicklung vielseitig nutzbarer mathematischer Modelle lösbar, und die damit verbundene rechnerische Arbeit ist so umfangreich, daß sie den Einsatz sehr leistungsfähiger elektronischer Rechenmaschinen erfordert. Der Aufwand lohnt sich jedoch, da wir unserer Gesellschaft auf diese Weise Jahr für Jahr sehr hohe Investitionssummen einsparen können.

Diese Aufgabe erhält zunehmende Bedeutung, da unsere Bautätigkeit sehr rapide anwächst. So bauten z. B. unsere volkseigenen Baubetriebe im Jahre 1960 rund 4,8mal so viel wie im Jahre 1950; die gesamte Bauproduktion stieg in diesem Zeitraum von 2,4 Milliarden auf 7,4 Milliarden DM pro Jahr. Da die Bautätigkeit in der DDR in den vergangenen Jahren aber noch in relativ überschaubaren Grenzen lag, konnten auch in der territorialen Verteilung der Investitionen nicht allzu große Fehler unterlaufen. Wenn wir jedoch bei der immer rascher zunehmenden Bautätigkeit unsere Methoden der territorialen Verteilung der Investitionen nicht erheblich verbessern, könnten künftig durch fehlerhafte Standortwahl beträchtliche territoriale Disproportionen auftreten. Durch Zunahme der Produktionsmengen und der territorialen Arbeitsteilung wachsen auch die Transportaufwendungen. Die Transportaufwendungen allein stellen schon ein nicht zu unterschätzendes volkswirtschaftliches Fakt dar. So ist z. B. die Leistung des Gütertransportes in den letzten zehn Jahren von 18,6 auf 40,1 Billionen tkm gestiegen, was einem volkswirtschaftlichen Aufwand von Milliarden von DM pro Jahr entspricht. Diese und andere Aufwendungen könnten wir jedoch durch richtige Standortwahl der Investitionen systematisch wesentlich senken.

Das Netz der Beziehungen zwischen den Standorten der überkommenen und der neuen Bauten spiegelt sich also in vielfältigen Kreuz- und Querbeziehungen der Personen-, Güter- und Nachrichtenströme wider. Neue Baustandorte können aber vom Gesichtspunkt dieser quantifizierbaren Einflußfaktoren nur mit mathematischen Methoden optimal festgelegt werden, alle anderen Methoden sind subjektiven Urteilen unterworfen.

Ich möchte daher auf drei mein Fachgebiet berührende Probleme eingehen, für die mathematische Lösungen gefunden oder uns zugängig gemacht werden sollten:

1. Charakteristisch für gebietsplanerische Fragen ist es, daß in den seltensten Fällen nur ein einzelnes Investitionsobjekt standortmäßig zu optimieren ist. Man braucht nur an die Kooperationsbeziehungen der Industriebetriebe, an die täglichen Berufspendelfahrten der Arbeitskräfte und ähnliches zu denken oder an die Standortbeziehungen zwischen den einzelnen Bauobjekten z. B. einer Stadt, eines RTS-Bereiches usw. So haben wir z. B. im

Januar 1962 im Bezirk Erfurt einen aktuellen Fall zu klären, und zwar sind in das bestehende Standortnetz an Molkereien einige neue Großmolkereien einzufügen, für die die verschiedensten Standortmöglichkeiten gegeben sind.

Das erste Problem besteht also darin, daß ein Standort*netz* neuer Investitionen hinsichtlich einer Vielzahl von Standortmöglichkeiten zu optimieren ist und daß dieses neue Standortnetz in das vorhandene, bereits bestehende Netz von Investititionen optimal eingefügt werden muß. Mathematiker in Weimar sagten mir, daß es sich hier wohl um dynamische Programmierung handle.

2. Es ist ein Nachteil der linearen Programmierung, daß jeweils nur *eine* Größe, also nur eine Zielfunktion, optimiert werden kann. In der Standortplanung sind — selbst in einfachsten Fällen — aber stets Zusammenhänge zwischen Transportfragen und quantifizierbaren Standorteigenschaften verschiedener Art zu beachten, die für den jeweiligen zur Diskussion stehenden Standort kennzeichnend sind, wie Tragfähigkeit des Grund und Bodens, Wasserqualität, zusätzliche Verkehrsbauten, Arbeitskräftelage usw.

   Das zweite Problem besteht also darin, die Transportbeziehungen mathematisch mit quantifizierbaren Eigenschaften zu koppeln, die für die jeweils in Frage kommenden Standorte kennzeichnend sind, und das Ganze dann zu optimieren. Vielleicht ist dieses zweite Problem mit dem ersten mathematisch verwandt.

3. Die Speicherfähigkeit des ZRA 1 reicht schon für kleinere gebietsplanerische Aufgaben nicht mehr aus. Für Zahleneingaben stehen etwa 3600 Speicherstellen zur Verfügung. Der Rest wird für Befehle gebraucht, als Produkt aus der Zahl der Gleichungen bzw. Ungleichungen und der Zahl der Variablen. Diese Anzahl an Stellen konnte bei den ersten Versuchen unserer gebietsplanerisch-mathematischen Arbeitsgemeinschaft, die ich mit Prof. Dr. MATZKE an der Weimarer Hochschule gebildet hatte, berücksichtigt werden. Aber ein anderer Fall offenbarte bereits die Schwierigkeit: Bei Standortuntersuchungen für Getreideläger im Bezirk Erfurt wären statt 3600 Stellen rund 2,2 Millionen erforderlich gewesen. Dabei waren zur Vereinfachung alle Läger unter 100 t nicht berücksichtigt worden, die insgesamt natürlich auch eine Rolle spielen.

   Das dritte Problem besteht also darin, Wege zu suchen, wie man z. B. die Grenzen der Speicherkapazität, die durch die in der DDR zur Verfügung stehenden Rechenautomaten gegeben sind, erhöhen oder umgehen kann. Auch das Rechentempo scheint ein Engpaß dieser Maschinen zu sein.

Aus meinen Erfahrungen kann ich schon jetzt sagen, daß die genannten drei Probleme meist miteinander gekoppelt auftreten werden und daß es mir daher notwendig erscheint, alle Erfahrungen aus anderen Anwendungsbereichen der Rechenautomaten auf ihre Brauchbarkeit für die Gebiets-, Stadt- und Dorfplanung zu prüfen. Mir scheint also ein überfachlicher Erfahrungsaustausch wünschenswert, ebenso eine zentrale Erfassung aller irgendwo erarbeiteten Bibliotheksprogramme, z. B. für den ZRA 1, um Doppelarbeit zu vermeiden.

Abschließend noch ein Beispiel als Antwort auf die Frage, ob es sich lohnt, mathematische Methoden bei derartigen gebietsplanerischen Aufgaben anzuwenden bzw. zu erarbeiten.

Die Gütertransportleistung mit LKW betrug in der DDR 1960 rund 5 Milliarden tkm, kostete also etwa 1 Milliarde Mark. Wir haben bei unseren ersten Kühlhausuntersuchungen in den Bezirken Erfurt und Suhl unter Verwendung der Stepping-Stone-Methode nachgewiesen, daß eine Kostensenkung im Mittel von knapp 19% möglich ist. Es lohnt sich also durchaus, die Mathematik in der Gebiets-, Stadt- und Dorfplanung einzuführen und Lösungen für die drei genannten Probleme zu suchen, da es sich auf alle Fälle um die Einsparung von Millionenbeträgen handelt, Millionenbeträge, die wir für andere Aufgaben besser einsetzen könnten. Durch eine rasche Entwicklung dieser gebietsplanerisch-mathematischen Methoden wird es uns gelingen, auch in der komplexterritorialen Planung ein hohes wissenschaftliches Niveau zu erreichen.

Dr. HANS SCHEMMEL

Institut für angewandte Mathematik und Mechanik der Deutschen Akademie der Wissenschaften zu Berlin

ZUM ZUSAMMENHANG VON LINEARPROGRAMMIERUNG UND ELEKTRONISCHEN RECHENANLAGEN

Ich möchte an die Ausführungen des Kollegen Dr. WINTGEN anknüpfen, die recht interessante Beziehungen zwischen der Methode der Auflösungsmultiplikatoren von KANTOROWITSCH und der dualen Simplexmethode erkennen ließen. Hierbei wurde bereits darauf hingewiesen, daß die Methode von KANTOROWITSCH gegenüber der Simplexmethode von DANTZIG zwar komplizierter in der Handhabung ist, jedoch in gewissen Fällen weniger Speicherraum bei der Benutzung von Rechenautomaten erfordert. Dieser Hinweis ist insofern wichtig, als in der Praxis gerade die Probleme mit großen n und m, d. h. bei denen die Zahl der Variablen und der Nebenbedingungen in die Hunderte, ja in der Perspektive sogar in die Tausende geht, besonders interessant werden. Der optimalen Planung großer Komplexe, etwa von Bezirken und ganzen Volkswirtschaften, die man anstrebt, stehen jedoch große Schwierigkeiten entgegen. Mit den derzeit verfügbaren Methoden lassen sich solche Probleme auch mit schnellen elektronischen Rechenautomaten nicht bewältigen.

Um der Lösung derartiger Probleme näher zu kommen, kann man entweder Geist oder materielle Mittel investieren, d. h. einmal die mathematischen Verfahren geeignet weiterentwickeln oder gewisse Charakteristiken der Rechenautomaten so verbessern, daß sie mit gegebenen Verfahren gestellte Probleme lösbar werden lassen. Natürlich muß auch für die Weiterentwicklung der elektronischen Rechenanlagen Geist investiert werden, doch zusätzlich gehören auch materielle Mittel dazu. Ob bei uns in der DDR nun derartige Hoch- oder Höchstleistungsautomaten entwickelt werden sollten oder entsprechende Anlagen angekauft werden, müssen die Fachleute entscheiden. Sicher ist jedoch, wie man aus der stürmischen Entwicklung der Rechentechnik unschwer extrapolieren kann, daß wir sie in wenigen Jahren benötigen werden.

Schließlich ist es wichtig, mit anderen Ländern des sozialistischen Lagers, speziell mit der Sowjetunion, eine enge wissenschaftliche Zusammenarbeit zu pflegen. In den Rechenzentren der UdSSR arbeiten bereits Maschinen, die um Größenordnungen schneller und größer sind als die Rechenautomaten, über die wir z. Z. verfügen. Von seiten der sowjetischen Wissenschaftler wurde uns Unterstützung bei wissenschaftlichen Problemen, die wir mit unseren Rechenautomaten nicht lösen können, zugesagt.

Diese Wege werden bei uns bereits beschritten. Ein Programm zur Behandlung des Mischungsproblems für Futtermittel auf der Rechenmaschine URAL 1 wurde in Zusammenarbeit mit Herrn KREUZBERGER vom Universitätsinstitut für Ökonomik der Landwirtschaft, Halle, aufgestellt. Es lassen sich damit Probleme der Ordnung 20×30 (einschließlich Schlupfvariable), d. h. mit einer Belegung von ca. 700 Speicherplätzen, lösen. Durch Zuhilfenahme des Magnetbandes läßt sich das Programm auf Probleme der Ordnung 40×40 erweitern.

Ein größeres Transportproblem für die Braunkohlenindustrie wurde gemeinsam mit dem Institut für angewandte Mathematik der Bergakademie Freiberg/Sa., in Angriff genommen. Die Lösung des Problems der Ordnung 118×68 (einschließlich Schlupfvariable) ist nur auf Grund einer besonders günstigen Gestalt der Matrix und durch Verwendung einer geeigneten Modifizierung der Simplexmethode und unter Zuhilfenahme des Magnetbandes mit dem URAL 1 möglich.

Ein anderes Linearprogrammierungsproblem zur Optimierung des gesamten Produktionsplanes einer LPG, welches uns vom Institut für Agrarökonomik der Universität Rostock zuging, konnte von uns nicht übernommen werden, da die Größe des Problems von 114 Variablen und 70 Nebenbedingungen (ohne Schlupfvariable) zeitlich und speichermäßig für den URAL 1 das vertretbare Maß überschreitet. Wir haben eine Bearbeitung des Problems in einem Rechenzentrum der Akademie der Wissenschaften der UdSSR empfohlen.

Zum Abschluß möchte ich nochmals auf die Perspektiven hinweisen, die mir für die Bearbeitung dieses Problems wichtig erscheinen.

Das sind die Ausarbeitungen spezieller Verfahren, mit denen man gewisse Klassen von Aufgaben der Volkswirtschaftsplanung einer Lösung zuführen kann (vgl. z. B. die Arbeit von E. G. GOLDSCHTEIN und D. B. JUDIN in „Probleme der Kybernetik", Bd. 5, S. 165/182), und die Anschaffung einer Großrechenanlage, die speziell für ökonomische Zwecke geeignet ist.

Prof. Dr. WILHELM KÄMMERER

Leiter der Arbeitsgruppe algorithmische Kybernetik, Außenstelle Jena, des Instituts für angewandte Mathematik und Mechanik der Deutschen Akademie der Wissenschaften zu Berlin

ZUM EINSATZ JUNGER MATHEMATIKER IN PLANUNGS- UND LEITUNGSINSTITUTIONEN

Wenn man einen erfolgreichen Einsatz mathematischer Methoden auf ökonomischen Gebieten anstrebt, sollte man in weit stärkerem Maße als bisher junge Mathematiker an die entsprechenden Planungs- und Leitungsinstitutionen holen und ihnen Gelegenheit geben, in die ihnen zunächst fremde Materie hineinzuwachsen. Dabei darf im allgemeinen nicht erwartet werden, daß Nichtmathematiker den Mathematikern ihre Aufgabe konkret angeben können. Man muß in Kauf nehmen, daß diese Mathematiker sich eine gewisse Zeit nur beobachtend und aufnehmend verhalten werden, bis es ihnen in den meisten Fällen gelingen wird, ihre Aufgaben selbst zu erkennen.

Nur so ist zu hoffen, daß eine Symbiose, wie sie zwischen Mathematik und Physik traditionell ist und wie sie zwischen Mathematik und Technik sich z. Z. in verstärktem Maße bildet, auch zwischen Mathematik und Ökonomie entstehen wird.

Prof. Dr. WALTER FURKERT

Hochschule für Elektrotechnik Ilmenau, Institut für elektrische Energietechnik

NETZPLANUNG MIT DIGITALEN UND ANALOGEN VERFAHREN

Die gewissenhafte Planung der elektrischen Übertragungsnetze ist für die sichere Betriebsführung und die zweckmäßige Verwendung der zu ihrem Ausbau nötigen großen Investitionsmittel von außerordentlicher Bedeutung.

Das Thema Netzplanung mit digitalen und analogen Verfahren ist ein umfangreiches Gebiet, das sich im Rahmen eines Übersichtsvortrages nicht erschöpfend behandeln läßt.

Aus diesem Grund soll der Stoff an Hand der im Institut für elektrische Energietechnik der Hochschule für Elektrotechnik Ilmenau durchgeführten Arbeiten und der dort geschaffenen Einrichtung in folgender Reihenfolge dargeboten werden: 1. Aufgabenstellung, 2. Lösungswege und zugehörige Recheneinrichtungen, 3. durchgeführte Aufgaben, 4. Ausblick.

Aufgabenstellung

Es gibt eine Reihe von Aufgaben, die für das Hoch- und Mittelspannungsnetz gemeinsam anfallen. Diese Aufgaben sind:

Aufgabe	Zweck
Knotenpunktspannungen	unzulässige Spannungsabsenkungen
Leitungsbelastungen	unter- oder überbelastete Leitungen
Verluste	zweckentsprechende Dimensionierung des Netzes
dreipolige Kurzschlußströme	Schalterbemessung Begrenzungsmaßnahmen
günstige Lastverteilung	Senkung der Verluste

Ihre Lösung liefert folgende Ergebnisse: Die Bestimmung der Knotenpunktspannungen zeigt unzulässige Spannungsabsenkungen. An Hand der ermittelten Leitungsströme läßt sich feststellen, ob unter- oder überbelastete Leitungen vorhanden sind. Für den Fall, daß einzelne Leitungen stark unterbelastet sind, muß in Erwägung gezogen werden, ob diese nicht besser wegfallen können. Die Ermittlung der Verluste zeigt, ob das Netz zweckentsprechend dimensioniert ist. Die dreipoligen Kurzschlußströme sind maßgebend für die Schalterbemessung und für die Begrenzungsmaßnahmen, und schließlich soll die günstigste Lastverteilung zur Senkung der Verluste beitragen.

Neben diesen gemeinsamen Aufgaben für das Hoch- und Mittelspannungsnetz liegen nun spezielle, getrennt zu behandelnde Aufgaben für das Hochspannungsnetz und für das Mittelspannungsnetz vor.

Aufgabe	Zweck
Kompensation	Spannungs- und Stabilitätsverbesserung
Lastwinkel	Kontrolle der Stabilität
Kurzschlußströme	Kontrolle der Erdungsziffer

Aufgabenstellung Hochspannung

Für das Hochspannungsnetz ist zum Beispiel seine Kompensation wichtig. Sie dient der Spannungs- und der Stabilitätsverbesserung. Die Kontrolle der Stabilität der Übertragung geschieht durch die Ermittlung der Lastwinkel. Für den Erdkurzschluß ist es wichtig, ob die Erdungsziffern in den einzelnen Netzknotenpunkten $\leqq 0{,}8$ und ob die einpoligen Erdkurzschlußströme größer oder kleiner als die dreipoligen sind.

Anders gelagert sind die Aufgaben für das Mittelspannungsnetz, bei dem in erster Linie die Flächenbelastung für die zweckmäßigste Spannungsstufung maßgebend ist.

Aufgabe	Zweck
Flächenbelastung	Spannungsstufung
Günstigste Maschenzahl	Anzahl der Stationen
Bevorzugte Querschnitte	Standardisierung

Aufgabenstellung Mittelspannung

Die günstigste Maschenzahl des Netzes bestimmt die Anzahl der Stationen. Die bevorzugt anzuwendenden Querschnitte sollen die Standardisierung fördern und damit Kosten einsparen.

Die Aufgabenstellungen für die durchzuführenden Untersuchungen führen auf lineare Gleichungssysteme. Ausgangspunkt für die Lösung können entweder der Knotenpunktsatz $\sum i = 0$, oder der Maschensatz $\sum u = 0$ sein.

In der Energieversorgung handelt es sich im wesentlichen um knotenpunktbelastete Netze, für deren Berechnung der Knotenpunktsatz die größeren Vorteile bietet. Das Knotenpunktverfahren stand lange im Hintergrund, weil die Beachtung gegenseitiger Beeinflussungen Schwierigkeiten bereitete. Gegenseitige Beeinflussungen liegen vielfach bei Aufgaben aus der Schwachstromtechnik vor. Aus diesem Grund hat sich dort das Maschenverfahren nach wie vor behauptet, während die Berechnung elektrischer Übertragungsnetze mehr und mehr nach dem Knotenpunktverfahren durchgeführt wird. Seine besonderen Vorteile für die vorliegende Aufgabe sind:

1. Die Einspeise- und Abnahmeleistungen sind in den Knotenpunkten gegeben.
2. Die Aufstellung des Gleichungssystems ist einfach.
3. Annäherung der Knotenpunktleistungen ist durch Iterationsverfahren möglich.
4. Das Verfahren ist für die elektronische digitale Rechenmaschine sehr gut geeignet.

Lösungswege und Recheneinrichtungen

Lösungswege

Abb. 1 zeigt die Aufstellung des Gleichungssystems für ein elektrisches Netz.

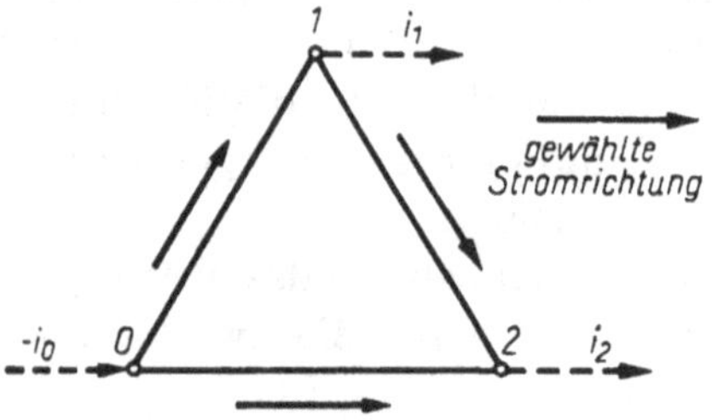

Einspeisungen	−
Abnahmen	+
←——○	+
——→○	−

$$\sum i = 0 \qquad \begin{aligned} -i_0 + i_{01} + i_{02} &= 0 \\ i_1 - i_{01} + i_{12} &= 0 \\ i_2 - i_{02} - i_{12} &= 0 \\ \hline i &= g \cdot u \end{aligned}$$

$$-i_0 = i_{01} - i_{02} = -g_{01}(u_0 - u_1) - g_{02}(u_0 - u_2)$$
$$-i_0 = u_0(-g_{01} - g_{02}) + u_1 g_{01} + g_{02} \cdot u_2$$

$$\boxed{-g_{01} - g_{02} = -g_{00}}$$

$$\begin{pmatrix} -i_0 \\ i_1 \\ i_2 \end{pmatrix} = \begin{pmatrix} -g_{00} & g_{01} & g_{02} \\ g_{10} & -g_{11} & g_{12} \\ g_{20} & g_{21} & -g_{22} \end{pmatrix} \cdot \begin{pmatrix} u_0 \\ u_1 \\ u_2 \end{pmatrix}$$

Abb. 1. Matrizengleichung eines Netzes

Zur Erklärung sei der Abbildung folgende Ergänzung hinzugefügt [1]. Für die Aufstellung der Matrizengleichung eines Netzes mit 3 Knotenpunkten 0, 1 und 2 wurden die angegebene Stromrichtung und die Vorzeichen festgelegt.
Der Knotenpunktsatz $\sum i = 0$ ergibt dann für den Punkt 0 folgende Gleichung:

$$-i_0 + i_{01} + i_{02} = 0.$$

Für die Knotenpunkte 1 und 2 gelten analoge Gleichungen. Durch Ersetzen des Stromes durch Leitwert und Spannung, also $i = G \cdot u$, ergibt sich beispielsweise für den Außenstrom i_0

$$-i_0 = u_0(-g_{01} - g_{02}) + u_1 g_{01} + g_{02} u_2.$$

Setzt man

$$-g_{01} - g_{02} = -g_{00}$$

und rechnet für die anderen Außenströme die Gleichung analog aus, dann kommt man zu einem Gleichungssystem in Matrizenform mit dem Stromvektor $(-i_0 i_1 i_2)$, der Leitwertmatrix $(-g_{00} g_{01} g_{02}$ usw.) und dem Spannungsvektor $(u_0 u_1 u_2)$. Dieses Gleichungssystem enthält bereits alle Merkmale des Gleichungssystems für ein Netz, nämlich:

1. Die Zahl der Knotenpunkte ist gleich der Zahl der Zeilen und Spalten.
2. Die Leitwertmatrix ist symmetrisch.
3. Die Koeffizienten der Hauptdiagonale g_{11} sind gleich der negativen Summe der übrigen Koeffizienten der Zeile oder der Spalte.
4. Fehlende Verbindungen können den Leitwert 0 erhalten.
5. Die Ströme sind in den Knotenpunkten durch die Leistungen gegeben.

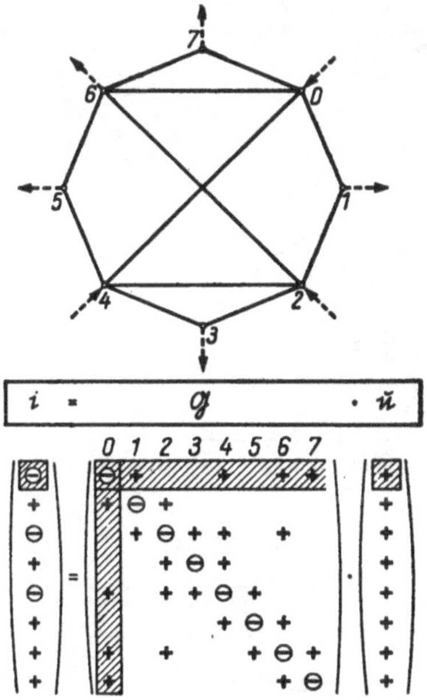

Abb. 2.
Matrix des Gleichstromnetzes

Mit diesen Annahmen läßt sich das Gleichungssystem eines beliebigen Gleichstromnetzes $i = G \cdot u$ aufstellen (Abb. 2).

Auf der Abbildung sind die Koeffizienten der Leitwertmatrix und die Komponenten des Strom- und Spannungsvektors nur durch die Vorzeichen gekennzeichnet. Fehlende Verbindungen (Leitwert 0) sind nicht eingeschrieben.

Wir ersehen aus der Abbildung, daß die Einspeiseströme in den Netzpunkten 0 und 4 negative Vorzeichen haben. Die übrigen Komponenten des Stromvektors haben positive Vorzeichen, sie stellen also Abnahmen dar. In der Leitwertmatrix G sind die Koeffizienten der Hauptdiagonale mit einem negativen Vorzeichen ausgestattet, alle übrigen Koeffizienten haben positive Vorzeichen. Die freien Felder haben den Leitwert 0, zwischen den zugehörigen Netzknotenpunkten sind keine Verbindungen vorhanden.

Will man die Betrachtung auf ein Wechselstromnetz übertragen (Abb. 3), dann muß man in Betracht ziehen, daß Strom, Spannung und Leitwert komplexe Größen sind.

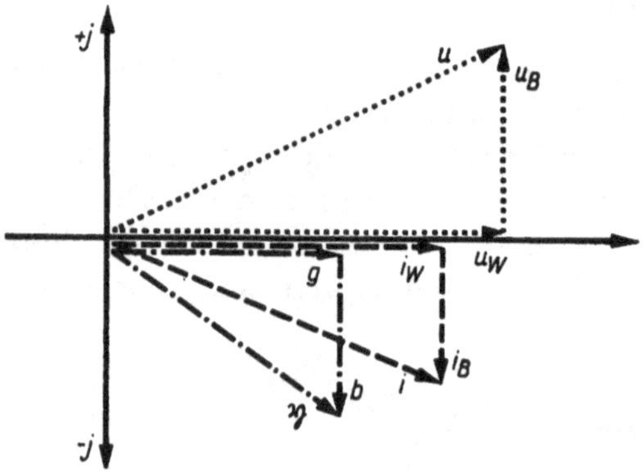

$$(i_W - j i_B) = (g - j b) \cdot (u_W + j u_B)$$

$$\begin{pmatrix} i_W \\ i_B \end{pmatrix} = \begin{pmatrix} g & b \\ b & -g \end{pmatrix} \cdot \begin{pmatrix} u_W \\ u_B \end{pmatrix}$$

$$\mathfrak{i} = \mathfrak{Y} \cdot \mathfrak{u}$$

Vorzeichen:

		Einspeisung	Abnahme
Wirkstrom		−	+
Blindstrom	induktiv	+	−
	kapazitiv	−	+

Abb. 3. Die komplexe Matrix für Wechselstrom

Ihre komplexen Werte lauten:

$$\mathfrak{i} = i_w - j i_B$$
$$\mathfrak{y} = g - jb$$
$$\mathfrak{u} = u_w + j u_B.$$

Das OHMsche Gesetz

$$\mathfrak{i} = \mathfrak{y} \cdot \mathfrak{u}$$

erhält dann nachstehende Form:

$$\begin{pmatrix} i_w \\ i_B \end{pmatrix} = \begin{pmatrix} g & b \\ b & -g \end{pmatrix} \cdot \begin{pmatrix} u_w \\ u_B \end{pmatrix}.$$

Der weiteren Berechnung werden folgende Vorzeichen zugrunde gelegt:

		Einspeisung	Abnahme
Wirkstrom		$-$	$+$
Blindstrom	induktiv	$+$	$-$
	kapazitiv	$-$	$+$

Das Gleichungssystem für ein Wechselstromnetz hat dann die in Abb. 4 gezeigte Form.

Der Stromvektor $\mathfrak{i}$ besteht aus dem Wirkstromvektor $\mathfrak{i}_w$ und dem Blindstromvektor $\mathfrak{i}_B$. Die komplexe Leitwertmatrix enthält die Wirkleitwerte oben

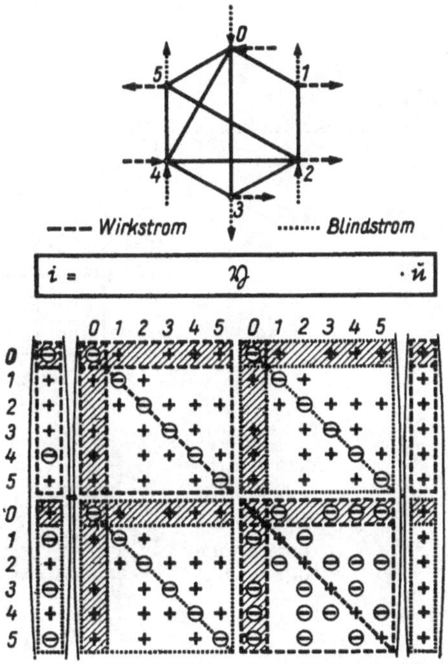

Abb. 4.
Matrix des Wechselstromnetzes

links und unten rechts mit negativen Vorzeichen sowie die Blindleitwerte (oben rechts und unten links). Der Spannungsvektor $\mathfrak{u}$ zeigt oben die Wirkspannung (u_w) und unten die Blindspannungen (u_B).

Im allgemeinen sind die Ströme in den Knotenpunkten gegeben. Dadurch ist eine Inversion der Leitwertmatrix nötig. Das Gleichungssystem lautet dann:

$$\mathfrak{u} = \mathfrak{Y}^{-1} \cdot \mathfrak{i}.$$

Die Ausrechnung des Gleichungssystems liefert

1. die Spannungen in allen Knotenpunkten,
2. die Ströme in allen Leitungen,
3. die notwendige Wirk- und Blindeinspeisung,
4. die Netzverluste,
5. die Übertragungswinkel für alle Knotenpunkte.

Das Verfahren läßt sich erweitern auf

1. die Blindstromkompensation,
2. die Kurzschlußberechnung,
3. die Stabilität,
4. die Optimierung der Verluste.

Für die Blindstromkompensation wird das Netz unbelastet genommen (Abb. 5). Die Ausgangsgleichung lautet wiederum

$$\mathfrak{u} = \mathfrak{Y}^{-1} \cdot \mathfrak{i}.$$

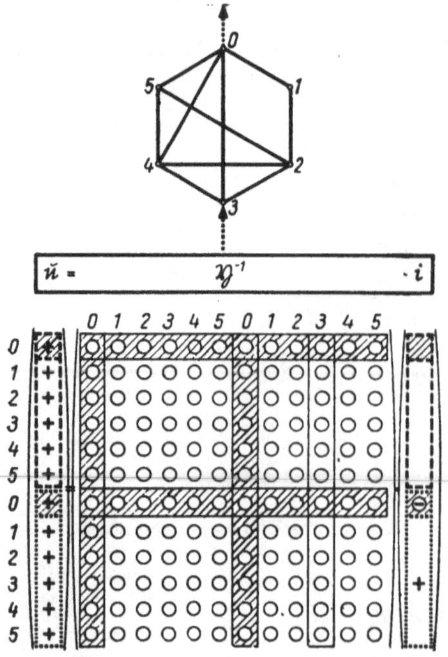

Abb. 5.
Blindstromkompensation

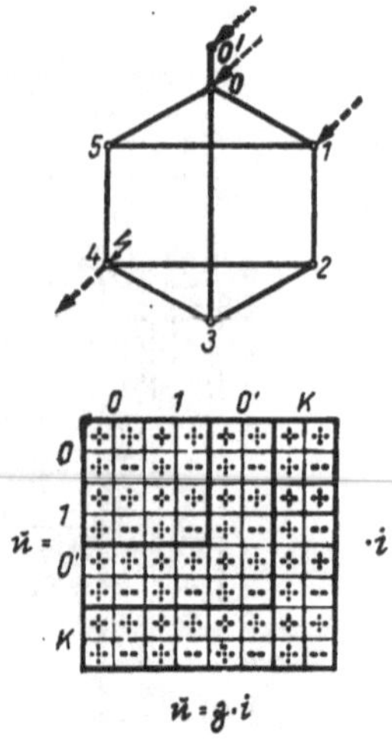

Abb. 6.
Koeffizienten-
schema für
Kurzschluß-
berechnung
mit Vorlast

Die Widerstandsmatrix $\mathfrak{Y}^{-1}$ enthält im Gegensatz zur Leitwertmatrix $\mathfrak{Y}$ keine Koeffizienten mit dem Wert Null. Nimmt man das Netz unbelastet an und speist beispielsweise im Punkt 3 Blindstrom ein, der im Punkt 0 abgenommen wird, dann entstehen im Netz Spannungsabfälle. Im Gleichungssystem sind im Blindstromvektor nur die Komponenten 0 und 3 besetzt. Soll diese Gleichung ausgerechnet werden, dann ist lediglich die Blindspalte 3 der Widerstandsmatrix mit der Komponente 3 im Blindstromvektor zu multiplizieren.

Daraus ergeben sich sämtliche Spannungsabfälle, die der im Punkt 3 eingespeiste Blindstrom in den Netzpunkten 0 bis 5 erzeugt. Diese Spannungsabfälle werden der Rechnung ohne Blindstromkompensation überlagert; dadurch ergibt sich der kompensierte Zustand. Ist die Widerstandsmatrix des Netzes bekannt, so läßt sich das Koeffizientenschema für die Kurzschlußberechnung auf folgende Weise aufstellen (Abb. 6) [2].

Für den Kurzschlußstrom beispielsweise im Punkt 4 sind lediglich die Einspeisungen 0′ und 1′ und die Widerstandswerte zwischen den Punkten 0′ und 1′ einerseits und dem Punkt 4 andererseits maßgebend. Zwischen den Punkten 0 und 0′ und 1 und 1′ liegen die subtransienten Reaktanzen der Maschinen im Punkt 0 bzw. 1. Daraus folgt für die Berechnung der Kurzschlüsse folgendes Koeffizientenschema der Widerstandsmatrix:

1. eine komplexe Matrix aus der Einspeisung 1′,
2. dazu kommt eine komplexe Spalte und Zeile für die Kurzschlußstelle K und
3. eine weitere komplexe Spalte und Zeile für den neuen Bezugspunkt 0′, deren Werte gleich 0 sind.

Für das obige Netz besteht also die Widerstandsmatrix lediglich aus zwei komplexen Zeilen und Spalten. Die Punkte 2, 3 und 5 sind auf die Betrachtung der Kurzschlußströme im Punkt 4 ohne Einfluß.

Eine weitere Möglichkeit für die Anwendung des Knotenpunktsatzes ist die Berechnung der Stabilität für n Maschinen (Abb. 7).

Die Leitwertmatrix der oben beschriebenen Übertragungsrechnung wird in diesem Falle für die Punkte 1, 3 und 6 durch die Synchronleitwerte der Maschinen erweitert, d. h für die Berechnung der Stabilität wird je Maschine eine komplexe Zeile und Spalte nötig. Die Leitwerte Y_{01}, Y_{23}, Y_{67} sind die Kehrwerte der Synchronreaktanzen der Maschinen 1, 3 und 7. Mit dieser Festlegung läßt sich das Gleichungssystem in der für die Übertragungsrechnung gewohnten Weise ausrechnen. Man erhält in sämtlichen Knotenpunkten die Lastwinkel der Maschinen und kann daraus das Stabilitätskriterium $dP/d\vartheta$ positiv, d. h. Lastwinkel ϑ kleiner als 90° ermitteln.

Für die Optimierung der Verluste gilt als Ausgangsgleichung ebenfalls das Ohmsche Gesetz $\mathfrak{u} = \mathfrak{Z} \cdot \mathfrak{i}$. In diesem Falle wird in komplexer Form das Gleichungssystem nach den Einspeisungen und Abnahmen geordnet [3].

E = Einspeiseleistungen $\qquad\qquad$ A = Abnahmen

E	1		11	12	13	14	15	16		1	E
	2		21	22	23	24	25	26		2	
	3		31	32	33	34	35	36		3	
A	4	=	41	42	43	44	45	46	·	4	A
	5		51	52	53	54	55	56		5	
	6		61	62	63	64	65	66		6	.

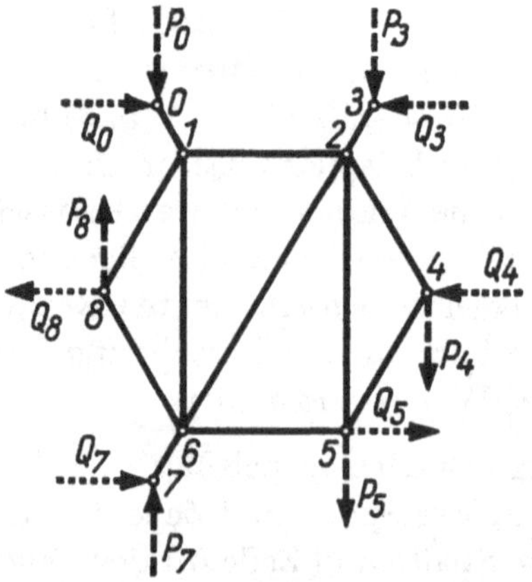

$$y_{01} = \frac{1}{x_{d_1}}$$

$$y_{23} = \frac{1}{x_{d_3}}$$

$$y_{67} = \frac{1}{x_{d_7}}$$

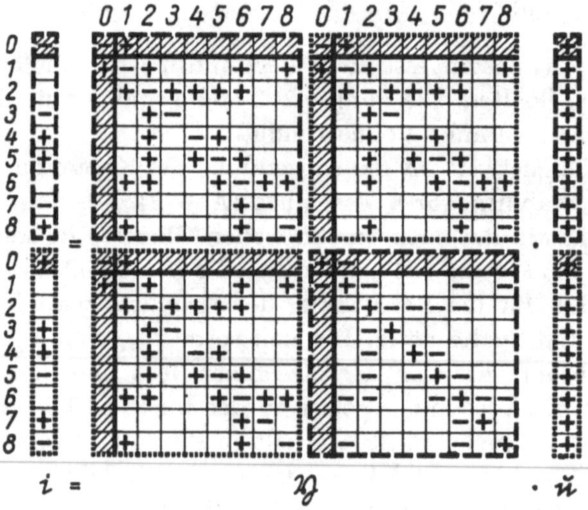

$$\begin{pmatrix} i_w \\ i_b \end{pmatrix} = \begin{pmatrix} g & b \\ b & -g \end{pmatrix} \cdot \begin{pmatrix} u_w \\ u_b \end{pmatrix}$$

Abb. 7. Statische Stabilität (n-Maschinen II)

Beispielsweise sollen im Stromvektor die Einspeiseströme i_1 bis i_3 und der Abnahmestrom i_4 bis i_6 liegen. In die Widerstandsmatrix sind nur die Indizes der Koeffizienten der gegenseitigen Impedanzen eingeschrieben.

Die Verluste ergeben sich durch Multiplikation der Spannungsabfälle Δu mit dem konjugiert komplexen transponierten Stromvektor $\mathfrak{i}_t^*$, wodurch auch die rechte Seite der Gleichung die folgende Form erhält:

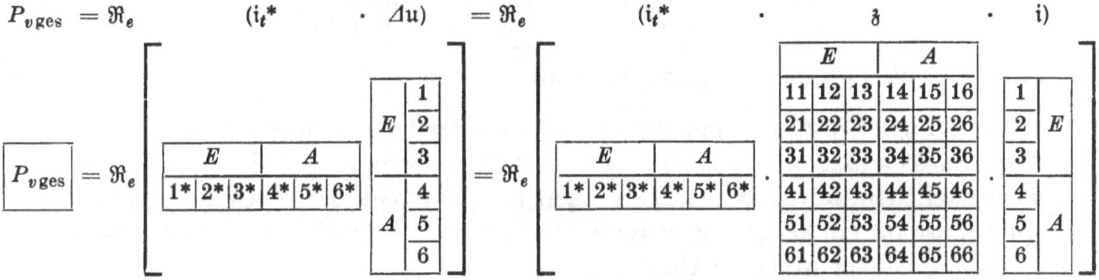

E = Einspeisungen
A = Abnahmen

R_e = Realteil
$\mathfrak{i}_t^*$ = konjugiert komplexer transponierter Stromvektor
$\mathfrak{z}$ = komplexe Impedanzmatrix
$\mathfrak{i}$ = Stromvektor,
$\Delta\mathfrak{u}$ = Spannungsvektor

Abb. 7a. Die Gleichung der Netzverluste (Matrizendarstellung)

Sie kann nach folgendem Schema ausgerechnet werden:

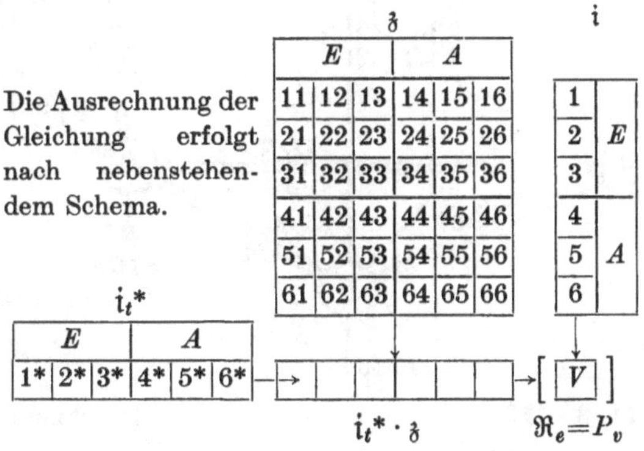

Abb. 7 b. Die Gleichung der Netzverluste (Rechenschema)

$\mathfrak{i}_t \cdot \mathfrak{Z}$ ergibt einen Zeilenvektor, der weiter mit dem Stromvektor $\mathfrak{i}$ multipliziert wird. Dadurch ergibt sich ein einziger Wert für die Verluste, dessen Realteil die Wirkverluste sind.

Durch eine Matrizentransformation und Differentiation nach den Einspeisungen entsteht ein Koeffizientenschema, welches links die Verlustleistungen und rechts das Produkt aus einer Verlustkoeffizientenmatrix $\mathfrak{B}$ und dem Vektor der Einspeiseleistungen $\mathfrak{Y}_E$ enthält.

$$\begin{bmatrix} 0 \\ 1 \\ 2 \\ 3 \end{bmatrix} = 2 \cdot \begin{bmatrix} 00 & 01 & 02 & 03 \\ 10 & 11 & 12 & 13 \\ 20 & 21 & 22 & 23 \\ 30 & 31 & 32 & 33 \end{bmatrix} \cdot \begin{bmatrix} 0 \\ 1 \\ 2 \\ 3 \end{bmatrix}$$

dabei gilt die Summe $\sum_k P_{eK}$ als konstant.

Die Abnahmeströme sind zur Vereinfachung zu einem einzigen analogen Abnahmestrom zusammengefaßt. Dieser Differentialquotient der Netzverluste wird nach den einzelnen Einspeisungen ausgerechnet. Die Gleichung ist beispielsweise für ein beliebig gewähltes 110/220-kV-Netz mit den Knotenpunkten 0 bis 7 berechnet worden (Abb. 8).

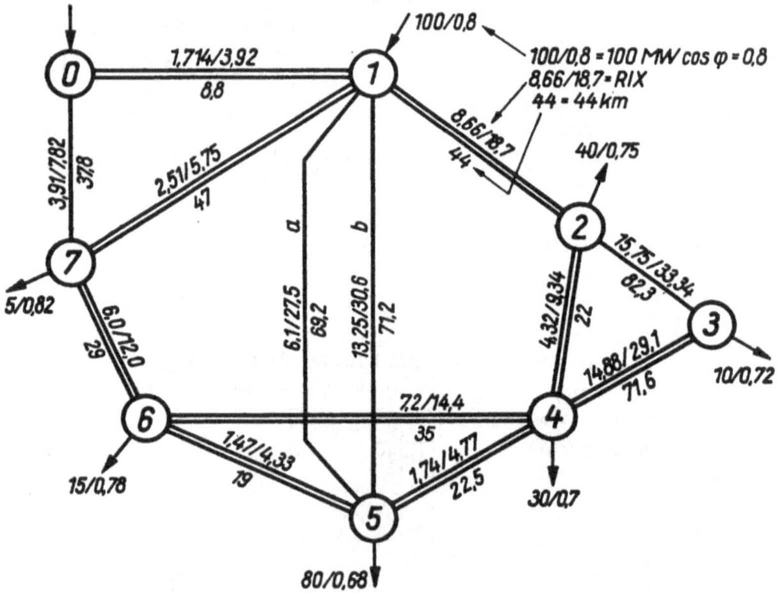

Abb. 8. 110/220 kV Netz zur Optimierungsrechnung

Die Einspeisungen sind in den Punkten 0 und 1 angenommen. Im Punkt 1 sollen 100 MW bei $\cos \varphi = 0{,}8$ eingespeist werden. Die unbekannte Einspeisung im Punkt 0 wird aus den Abnahmen und den Netzverlusten ermittelt.

Zwischen den Punkten 5 und 1 laufen eine 110-kV-Leitung und eine 220-kV-Leitung parallel, alle übrigen Leitungen sind entsprechend der Abbildung 100-kV-Doppel- bzw. Einfachleitungen. Die Abnahmen in den einzelnen Knotenpunkten sind vermerkt.

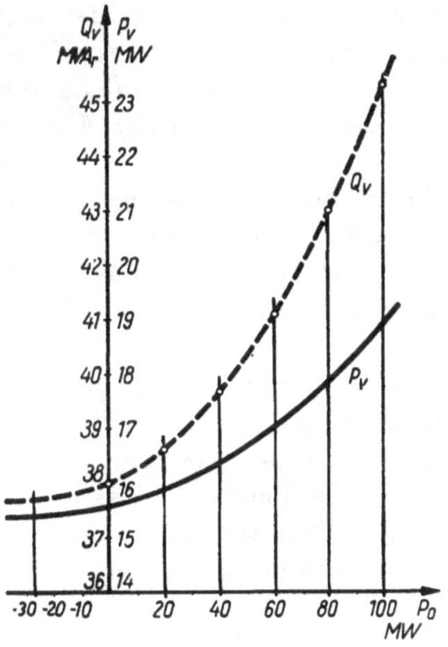

Q_V = Blindlastbedarf
P_V = Netzverluste

Abb. 9.
Darstellung der Optimierung für ein Netz nach Abb. 8

Die Berechnung der Optimierung der Verluste dieses Netzes zeigt Abb. 9. Als Abszisse sind die Einspeiseleistungen im Punkt 0 aufgetragen. Diese sind variiert worden. Es zeigt sich, daß das Minimum der Wirkverluste mit dem Minimum an Blindleistungsbedarf zusammenfällt. Das Minimum liegt bei einer Abnahme von 27 MW im Punkt 0.

Punkt		Aufgabe	Optimum
0	P MW	− 98,74	+ 27,06
	Q MVA	− 146,94	− 48,55
1	P MW	− 99,96	− 222,67
	Q MVA	− 74,98	− 167,04

	Aufgabe	Optimum
Wirklasteinspeisung MW	198,70	195,61

Vergleicht man die Daten der Aufgabe mit der Optimierung, so sieht man für den Punkt 1: Es war eine Einspeisung von 100 MW bei cos φ 0,8, d. h. eine Blindleistungseinspeisung von 75 MVA vorgesehen. Durch die angegebenen Abnahmeleistungen und die dadurch bedingten Netzverluste müßte in diesem Falle im Punkt 0 eine Wirkeinspeisung von 98,74 MW und eine Blindeinspeisung von 146,94 MVA erfolgen. Das Optimum der Verluste ergibt sich jedoch, wenn im Punkt 1 anstelle von 100 MW 220 MW eingespeist werden und im Punkt 0 anstelle einer Einspeisung von rund 99 MW eine Abnahme von 27 MW vorläge. Die Summe der Einspeisungen auf Grund der Aufgabenstellung beträgt 198,7 MW, bei geeigneter Einspeisung sind aber nur 195,6 MW nötig, d. h. es lassen sich durch günstige Verteilung der Einspeisungen die Verluste um 3 MW senken.

Bei der Berechnung der Verlustkoeffizienten wurde angenommen, daß der Leistungsfaktor in den Einspeisepunkten unverändert bleibt. Im Punkt 0 liegt ein Leistungsfaktor von $\cos \varphi = 0{,}56$ vor. Dieser niedrige Wert ist die Ursache für die Vorzeichenumkehr der Wirkleistung im Punkt 0 bei der Optimierung.

Selbstverständlich wird es nicht immer möglich sein, die Lastverteilung nur nach diesem Gesichtspunkt durchzuführen.

Durch gewissenhafte Netzplanung kann aber Vorsorge getroffen werden, daß die Kraftwerkseinspeisungen und die Leitungsbemessung so erfolgen, daß die Möglichkeit des Betriebes mit kleinsten Verlusten vorhanden ist. Nachträgliche Veränderungen an bestehenden Netzen sind meist schwierig durchführbar.

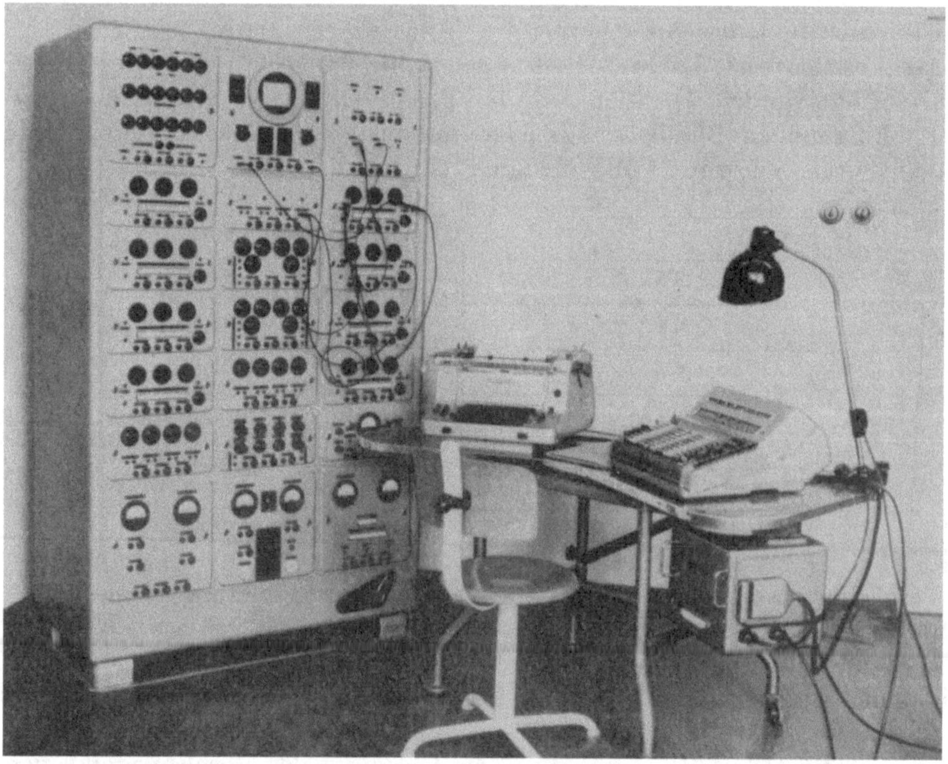

Abb. 10. Analogierechenmaschine mit Mercedes-Rechenkombination Multiscript

Recheneinrichtungen

Die Lösung der bei Netzberechnung auftretenden umfangreichen Gleichungssysteme ist nur mit Hilfsmitteln möglich. Hierfür stehen für die digitale Methode in der DDR zur Zeit die elektrischen Tischrechenautomaten mit Speicherwerk für zweimal zehn Stellen und angekuppelter Schreibmaschine zur Verfügung (Abb. 10).

Die Kupplung beider Maschinen bedeutet eine wesentliche Erleichterung für den Rechner, weil das Ergebnis der einzelnen Rechenoperationen mitgeschrieben wird. Bei auftretenden Differenzen kann verglichen werden, wo der Fehler liegt. Es sei erwähnt, daß die digitalen Verfahren den großen Vorteil haben, daß nicht weitergerechnet werden kann, wenn bestimmte Proben Abweichungen zeigen.

Es ist nicht möglich, große Aufgaben mit Tischrechenautomaten rationell zu lösen. Hierfür ist der elektronische Digitalrechner das geeignete Werkzeug.

Gegenwärtig wird beim VEB Carl Zeiss Jena der elektronische Ziffernrechenautomat ZRA 1 für solche Netzaufgaben erprobt.

Ein Drehstromnetz mit 8 Knotenpunkten ist durchgerechnet worden; momentan wird die komplexe Übertragungsrechnung für ein Netz mit 29 Knotenpunkten bearbeitet. Das Rechenprogramm für den elektronischen

Abb. 11. Elektronischer Digitalrechner ZRA 1 (VEB Carl Zeiss Jena)

Digitalrechner ist vom VEB Carl Zeiss Jena aufgestellt worden und ist auch für große Netze anwendbar, wenn die Speicherzahl des Automaten genugt. Der jetzige Speicher hat 4000 Plätze. Dies genügt für Drehstromnetze mit bis zu etwa 15 Knotenpunkten. Große Ziffernrechenautomaten verfügen über 10000 Speicherplätze.

Ein Vergleich der Rechenzeiten von Tischautomaten und elektronischen Ziffernrechnern ergibt folgendes Bild:

Rechen-einrichtung	Zahl der Knotenpunkte komplex	Rechenzeit	Verhältnis
SM 44	8	200 h	3000
ZRA 1	8	4′	1

Für die komplexe Berechnung der Übertragungsrechnung eines Netzes von 8 Knotenpunkten werden bei Verwendung eines Tischrechenautomaten rund 200 Stunden benötigt. Der elektronische Digitalziffernrechner ZRA 1 rechnet das gleiche Netz in 4 Minuten durch. Die Rechenzeiten verhalten sich wie 1:3000.

Die grundsätzliche Eignung des Knotenpunktsatzes für die Netzberechnung wurde mit Tischrechenautomaten erprobt. Die gelösten Aufgaben konnten für den elektronischen Ziffernrechner als Testaufgaben verwendet werden. Dadurch war es möglich, das Rechenprogramm des elektronischen Ziffernrechenautomaten in verhältnismäßig kurzer Zeit aufzustellen und die Richtigkeit der Maschine nachzuprüfen.

Bisher wurde die Lösung von Netzaufgaben unter Anwendung des Knotenpunktsatzes auf digitalem Weg dargestellt. Es ergibt sich nun die Frage: Ist dieses Verfahren für alle Fälle das richtige, oder kann man beispielsweise auf analogem Wege bessere Ergebnisse erzielen? Bei den analogen Verfahren werden Strom, Spannung und Widerstand an einem Modell abgebildet. Ausgangspunkt ist auch hierbei das Ohmsche Gesetz $u = Z \cdot i$. Bleibt die Widerstandsmatrix des Netzes konstant, d. h. werden am Netz lediglich Einspeisungen und Abnahmen verändert, dann lassen sich die neuen Belastungsverhältnisse sehr leicht im Ziffernrechner darstellen. Wird jedoch das Netz durch Einfügen von Leitungen verändert, was bei Planungsaufgaben oft nötig ist, dann bringt die analoge Rechnung große Vorteile. Die Veränderung der Widerstandsmatrix erfordert bei der digitalen Rechnung in jedem einzelnen Falle die Inversion der Leitwertmatrix. Dies ist mit einem erheblichen Rechenaufwand verbunden, der allerdings bei der elektronischen Ziffernrechnung neuerdings auch verhältnismäßig stark reduziert werden kann. Für Planungsaufgaben, wo Veränderungen des Netzes untersucht werden und der Einfluß dieser Veränderungen ermittelt werden soll, bietet die analoge Rechenmethode große Vorteile.

Rechengeräte für diese Verfahren sind die Netzmodelle. In Anwendung kommt ebenfalls, wie bei der digitalen Rechnung, der Knotenpunktsatz $\sum i = 0$. Verwendet werden:

1. Gleichstromnetzmodelle,
2. Wechselstromnetzmodelle.

Als Sondergeräte seien genannt:

1. Netzanalysatoren,
2. elektronische Analogrechner.

Beispielsweise ist das Netzmodell 1 des Instituts für elektrische Energietechnik der Hochschule für Elektrotechnik Ilmenau mit einer Knotenpunkttafel für 96 Knoten und 120 Belastungswiderstände sowie 3 Generatoren ausgerüstet (Abb. 12).

Abb. 12. Netzmodell 1

Es ist ein Gleichstrommodell. Die Fehler der Widerstände sind $< 0{,}5\%$. Das Modell zeichnet sich dadurch besonders aus, daß sowohl die Knotenpunkttafel als auch die Widerstandseinheiten, das Meßpult und die Belastungseinheiten mit Drucktastenschaltern ausgerüstet sind. Ihr Einbau stellte ein gewisses Risiko dar. Nach 3jährigem Betrieb des Modells kann festgestellt werden, daß sich die Drucktastenschalter einwandfrei bewährt haben und

Abb. 13. Netzmodell 2

Abb. 14. Wechselstromnetzmodell des Instituts für Energetik

keinen Anlaß zu Störungen gaben. Die Verwendung von Drucktastenschaltern ist sehr übersichtlich, weil sofort erkannt wird, welcher Widerstandswert und Abzweig eingerastet ist.

Ein weiteres Gleichstrommodell ist das Netzmodell 2 des Instituts für elektrische Energietechnik der Hochschule für Elektrotechnik Ilmenau (Abb. 13). Dieses Modell ist aus 3 Kreuzschienenmodellen aufgebaut. Potentiometer und Meßeinrichtungen sind den Aufgaben angepaßt. Es enthält 3×50 Knotenpunkte, 180 Widerstandseinheiten, 2 Meßplätze, 8 Generatoren und 51 Belastungseinheiten, die die Nachbildung von Netzen erheblicher Größe zulassen. Das Modell ist so ausgelegt, daß es für die Messung einpoliger Erdkurzschlußströme in symmetrischen Komponenten besonders geeignet ist. Auch dieses Modell ist seit etwa einem Jahr mit bestem Erfolg im Betrieb.

Ein großes Wechselstromnetzmodell (Abb. 14) ist beim Institut für Energetik, Leipzig, in Betrieb. Mit diesem Modell können die Wechselstromgrößen komplex abgebildet werden. Dadurch ist eine schnellere Berechnung der Wechselstromübertragungsrechnung möglich.

Für welche Aufgaben ist nun das Gleichstromnetzmodell geeignet?

1. Übertragungsrechnung für Nieder- und Mittelspannungsnetze.
2. Übertragungsrechnung von Hochspannungsnetzen. Hierbei wird nach einem Verfahren gerechnet, das von D. SCHALLER [4] in einer Dissertation behandelt wird. Das Verfahren beruht im wesentlichen darauf, daß Wirk-(G)-leitwerte zu einem (B-G)-Netz parallel geschaltet werden.
   Durch Messung der Ströme in den Verbindungsleitungen und Zwischenrechnung mit Ziffernrechenautomaten können die komplexen Werte auf einfache Weise ermittelt werden (Abb. 15). Das Verfahren erreicht die Genauigkeit des Wechselstrommodelles.

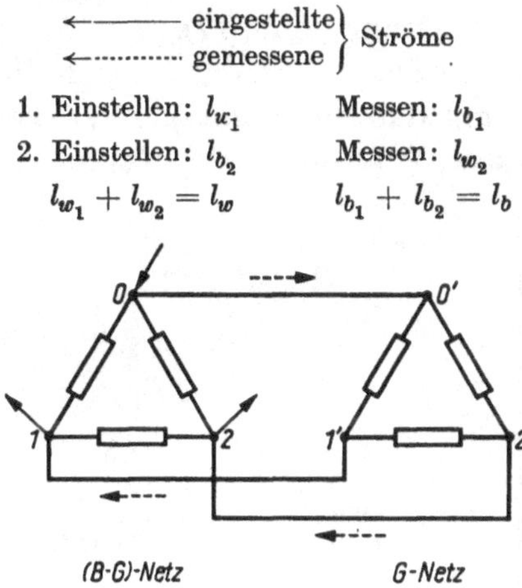

Abb. 15. Darstellung von Wechselstromnetzen auf dem Gleichstromnetzmodell

3. Berechnung der dreipoligen Kurzschlußströme.
4. Berechnung der einpoligen Erdkurzschlußströme.

Die letzte Berechnung erfordert eine Komponentenspaltung, deren mathematische Grundlagen in folgenden Gleichungen begründet ist. Die Gleichung für den einpoligen Erdkurzschluß (Abb. 16), in symmetrischen Komponenten geschrieben, hat die folgende Form:

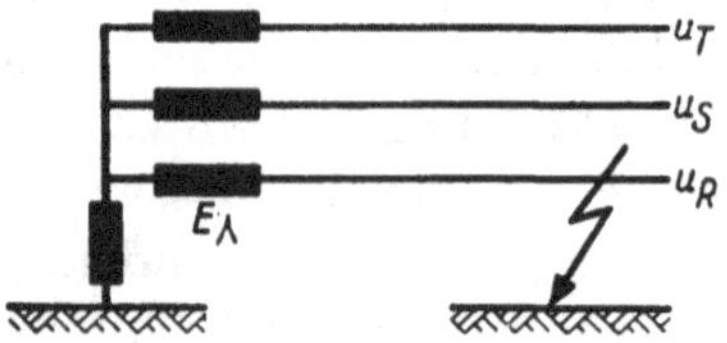

$$u_R = 0 \qquad i_S = 0 \qquad i_T = 0$$

$$3 \cdot \begin{pmatrix} i_0 \\ i_1 \\ i_2 \end{pmatrix} = \begin{pmatrix} 1 & 1 & 1 \\ 1 & a & a^2 \\ 1 & a^2 & a \end{pmatrix} \cdot \begin{pmatrix} i_R \\ 0 \\ 0 \end{pmatrix}$$

$$i_0 = i_1 = i_2 \qquad i_1 = \frac{E_\curlywedge}{Z_0 + Z_1 + Z_2}$$

$$i_R = i_1 + i_2 + i_0 = \frac{3 \cdot E_\curlywedge}{Z_0 + Z_1 + Z_2}$$

Z_0 = Nullimpedanz
Z_1 = Mitimpedanz
Z_2 = Gegenimpedanz

Abb. 16. Der einpolige Erdkurzschluß

Die Endformel kann für die Berechnung der einpoligen Kurzschlußströme am Gleichstrommodell benutzt werden, indem das Null-, das Mit- und das Gegen-Netz im Netzmodell hintereinander geschaltet werden. Dies führt zu der sogenannten Komponentenschaltung (Abb. 17).

Die angelegte Spannung treibt den Strom I durch die Hintereinanderschaltung der einzelnen Netzimpedanzen; vorausgesetzt werden dabei annähernd gleiche Impedanzwinkel der Widerstände des Netzes.

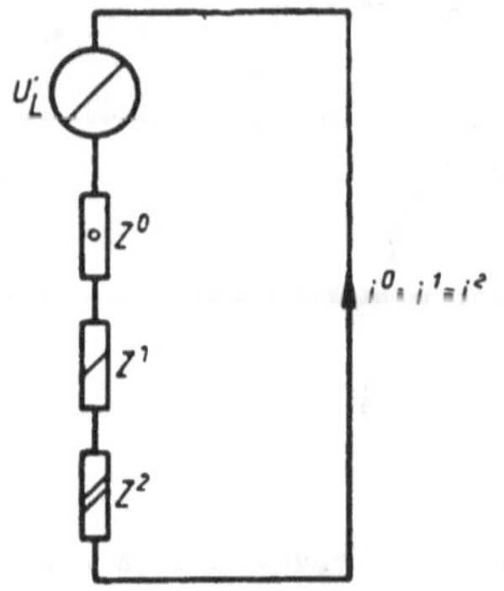

Abb. 17.
Komponentenschaltung für Erdkurzschlußstrom

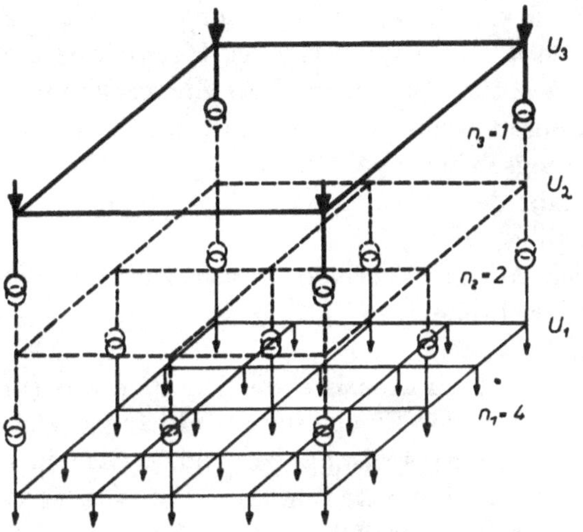

Abb. 18.
Allgemeine Form der Energieversorgung einer Fläche (nach Dr. ERBACHER)

Für die Berechnung und für die Planung der Mittelspannungsnetze ergeben sich andere Gesichtspunkte gegenüber dem Hochspannungsnetz. Im Institut für elektrische Energietechnik wird ein von ERBACHER angegebenes Verfahren für die Schätzung der günstigsten Maschenzahl des Netzes mit gutem Erfolg verwendet [5]. ERBACHER geht von einem idealen Netz aus und legt zunächst verschiedene Spannungsstufungen fest (Abb. 18). Auf dieser Abbildung sind 3 Spannungsstufen, nämlich die Spannungen U_1, U_2 und U_3 angegeben. Die

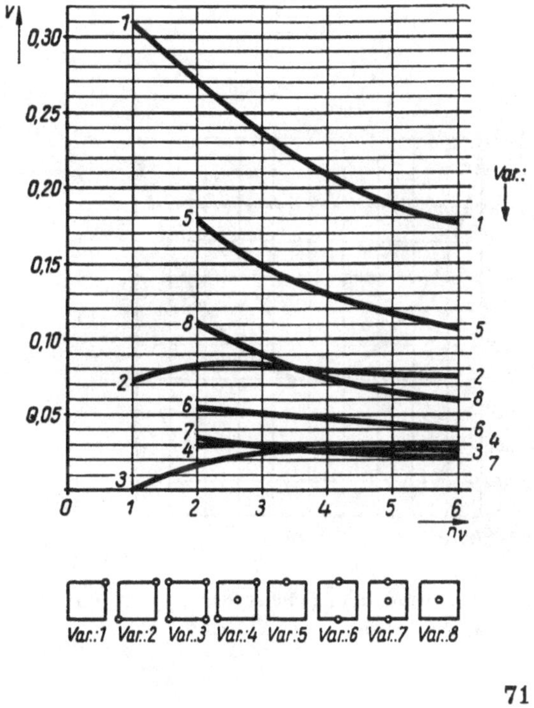

Abb. 19.
Verlustzahl für Netze mit kleiner Maschenzahl (nach Dr. ERBACHER)

Spannung U_1 sei die untere, U_2 die obere Verteilungsspannung und U_3 das übergeordnete Hochvoltnetz. Aus den 4 Knotenpunkten des Hochvoltnetzes wird die obere Verteilungsspannung gespeist. Die untere Verteilungsspannung erhält zusätzlich jeweils in der Seitenmitte eine weitere Einspeisung. Dieses Idealnetz hat in der oberen Spannungsebene eine Masche ($n_3 = 1$). In der mittleren Spannungsebene ist die Zahl der Maschen $n_2 = 2$ pro Seitenlänge und in der unteren ist die Maschenzahl $n_1 = 4$.

Die Zahl der Maschen wirkt sich auf die Verluste wesentlich aus, die Erbacher durch eine Verlustzahl v beschreibt.

Er kommt zu folgendem Ergebnis (Abb. 19):

Als Ordinate ist die Verlustzahl v und als Abszisse die Maschenzahl (n) gewählt. Die Verlustzahl ist von der Lage der Einspeisungen abhängig. Beispielsweise hat die Variante 1 mit einer Einspeisung des Netzes an einer Maschenecke die größten Verluste (Kurve 1). Variante 2 mit zwei Einspeisungen an gegenüberliegenden Maschenecken hat wesentlich kleinere Verlustzahlen (Kurve 2), Variante 3 mit vier Einspeisungen zeigt eine weitere Senkung der Verlustzahl und eine starke Unabhängigkeit von der Maschenzahl. Die übrigen Varianten 4 bis 8 zeigen weitere Speisemöglichkeiten und deren Einfluß auf die Verlustzahl in Abhängigkeit von der Maschenzahl. Die Verlustzahl ist

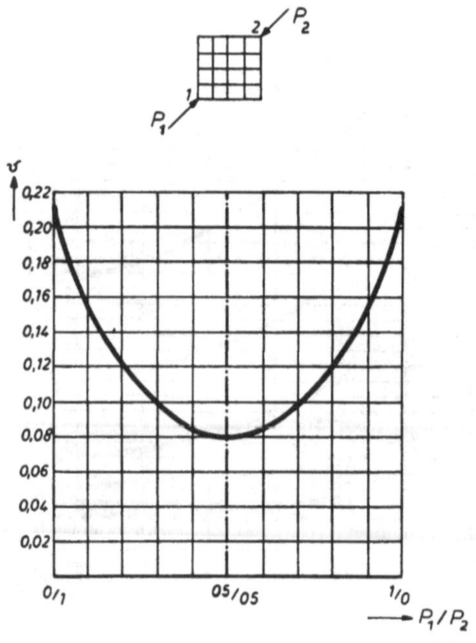

Abb. 20. Einfluß ungleicher Einspeisung auf die Verlustzahl (nach Dr. Erbacher)

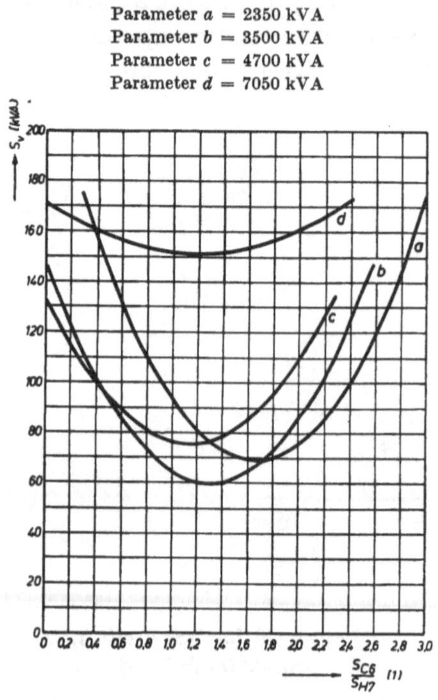

Abb. 21. Optimierung der Netzverluste für 3 Einspeisepunkte (10-kV-Netz)

weiterhin davon abhängig, wie die Einspeiseleistung auf die Knotenpunkte eines Netzes aufgeteilt wird. Wählt man beispielsweise für 2 Einspeisungen an gegenüberliegenden Maschenecken das Verhältnis der Einspeiseleistungen $p_1 : p_2 = 1$, dann tritt beim idealen symmetrischen Netz ein Minimum an Verlusten ein (Abb. 20). Wird das Verhältnis durch Verlagerung von Einspeiseleistung nach einer Maschenecke hin geändert, dann tritt ein starker Anstieg der Verluste ein.

Sind z. B. 3 Einspeisungen vorhanden, dann ist es notwendig, eine Einspeisung als Parameter zu wählen (Abb. 21). Beispielsweise sind bei 3 Einspeisungen von insgesamt 10000 kVA für eine Einspeisung folgende Parameter gewählt worden:

Zu 2350 (a) kVA,
3500 (b) kVA,
4500 (c) kVA,
7050 (d) kVA.

Für die verschiedenen Parameter ergaben die Verluste ein Minimum, wenn die beiden anderen Einspeisungen zueinander in einem bestimmten Verhältnis standen.

Das Minimum an Verlusten ergibt sich bei dem Parameter b von 3500 kVA und einem Verhältnis der beiden anderen Einspeisungen von rund 1,3.

Speisepunkt	A	B	C
Einspeiseleistung MVA	3670	2830	3500

Grundsätzlich betragen die Verluste ein Minimum, wenn die Einspeisespannungen in den Einspeisepunkten gleich sind.

Durch Modellmessungen ist es nun möglich, schnell und einfach die Varianten nachzumessen und die günstigste zu ermitteln. Die Querschnitte, die Zahl der Knotenpunkte und die Spannungsebenen werden variiert, weil diese ebenfalls von den auftretenden Entfernungen und von den Flächenbelastungen abhängig sind. Nachgeprüft werden für die einzelnen Varianten: die zulässigen Spannungsabfälle, die Strombelastungen und die Kurzschlußleistungen.

Die Aufgaben der als Sondergeräte bezeichneten Netzanalysatoren und der elektronischen Analogrechner sind anderer Art.

Der Netzanalysator (Abb. 22) besteht aus der Kombination einer Netznachbildung mit einer Schalternachbildung.

Er dient zur Nachbildung von Schaltvorgängen, insbesondere zur Ermittlung von Einschwingspannungen beim Abschalten von Kurzschlüssen.

Im augenblicklichen Bauzustand des Netzanalysators im Institut für elektrische Energietechnik sind 22 Vierpole zur einpoligen Nachbildung von Freileitungen vorhanden. Die Vierpolgrößen R, L, C sind in bestimmten Stufen

Abb. 22.
Netzanalysator

einstellbar. Damit lassen sich Leitungen verschiedener Mastbilder und Spannungsreihen nachbilden.

Folgende Längen sind bei feinster Unterteilung darstellbar:

Spannung	Kleinste darstellbare Länge je Vierpol	Gesamtlänge
110 kV	4,75 km	105 km
220 kV	6,4 km	142 km
380 kV	7,1 km	156 km

Durch größere Unterteilung sind größere Längen darstellbar; durch konzentrierte Elemente (Widerstände, Kondensatoren, Induktivitäten) können auch Wirklasten und leerlaufende Leitungen nachgebildet werden.

Um den Netzanalysator für die Durchführung praktischer Messungen zu vervollkommnen, sind noch viele Messungen in Netzen und Netzteilen notwendig. Hierbei könnten die EVs die weitere Erprobung durch praktische Aufgaben unterstützen.

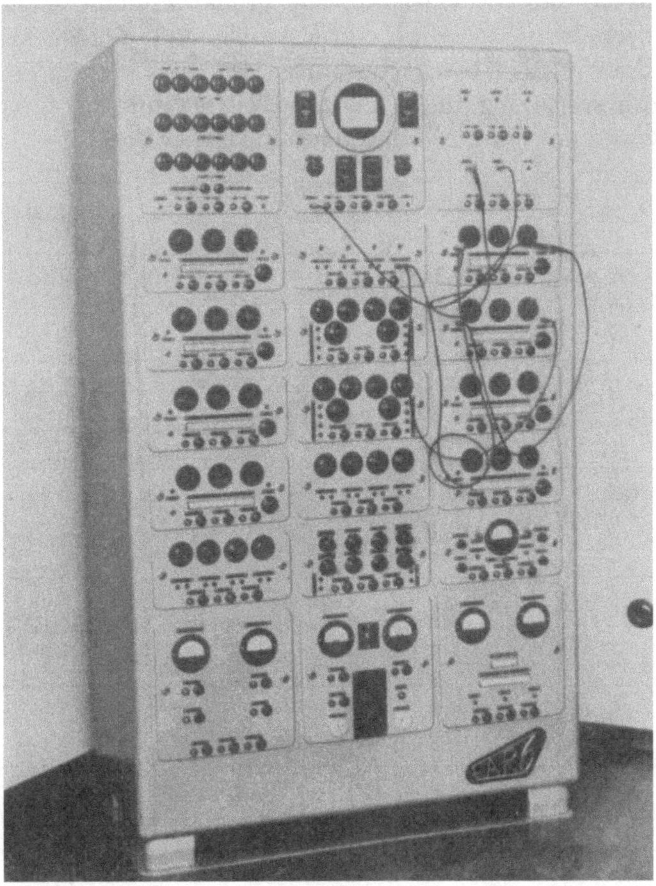

Abb. 23.
Analogierechenmaschine
EAR 6

Der elektronische Analogrechner (Abb. 23) dient der Lösung von Differentialgleichungen.

Seine Schaltelemente sind Summatoren, Integratoren, Funktionsmultiplikatoren und Vorzeicheninverter. Besonders für die Auswertung von Differentialgleichungen, wo der Einfluß veränderlicher Parameter schnell herausgefunden werden soll, sind diese Einrichtungen von großem Wert.

Beispiele für durchgeführte Aufgaben

Nunmehr sollen einige charakteristische praktische Aufgaben, die in den letzten Jahren von den Assistenten und Diplomanden des Instituts für elektrische Energietechnik [6 bis 22] gelöst worden sind, erläutert werden.

Die Aufgaben sind mit den beschriebenen Einrichtungen nach den behandelten Knotenpunktverfahren, teils auf digitalem und teils auf analogem Wege, gelöst worden.

Grundsätzlich ist zu sagen, daß die Durchführung großer Planungs- und Berechnungsaufgaben Übersicht, absolut korrekte Arbeit und ein starkes Einfühlungsvermögen in die Aufgaben sowie Ausdauer erfordern.

Die komplexe Übertragungsrechnung für ein 380/220-kV-Netz mit 29 Knoten für den Zeitpunkt 1965 wurde mit der Mercedes-Maschine SM 44 gerechnet.

	K.-P.	Spannungs-stufen kV		Rechenmittel
DDR- Netz 1965/66	29 29 29	380/220 380/220 380/220	Ü K 3 K 1	SM 44 + ZRA 1 G 1 G 1
Bezirksnetz Erfurt 1980	135	110/30/10 (110/20) (110/10)	Ü 110 Ü 30/10 K 3	G 1 + SM 44 G 1 G 2
Bezirksnetz Gera 1980	200	110/30/10 (110/20) (110/10)	Ü 110 Ü 30/10 K 3	G 1 + SM 44 G 1 G 2
Verbundnetz Ost 1965	40	(380)/220/110	Ü K 3 K 1	G 1 + SM 44 G 1 G 1
Wohnbezirk Magdeburg 1980	40	10/04	Ü K 3	G 2 G 2
Teilnetz	8	110	Ü	ZRA 1
Bezirksnetz Suhl 1966	19	110/30	Ü	G 1 + SM 44

SM 44 = Mercedes-Tisch-Rechenautomat
G 1 = Gleichstromnetzmodell 1
G 2 = Gleichstromnetzmodell 2
G + SM 44 = Komb. analog-digital. Verfahren
ZRA 1 = elektronischer Ziffernrechner VEB Carl Zeiss Jena

Diese Aufgabe hat gezeigt, daß das Knotenpunktverfahren auch für große Netze ausgezeichnet geeignet ist und daß die Genauigkeit durch die Zahl der Knotenpunkte bei richtiger Auswahl des Rechenganges nicht beeinflußt wird. Sie war eine Testaufgabe für die Berechnung der Netze am digitalen Elektronenrechner ZRA 1. Die Aufgabe ist zur Zeit im Rechenzentrum des VEB Carl Zeiss Jena in Erprobung. Ferner sind für das gleiche Netz für sämtliche Knotenpunkte die dreipoligen Kurzschlußströme, die einpoligen Kurzschlußströme und die Erdungsziffern am Gleichstromnetzmodell 1 ermittelt worden.

Eine weitere Übertragungsrechnung wurde für ein 110/30/10-kV-Bezirksnetz mit 135 Knotenpunkten durchgeführt. Diese Aufgabe, wobei gleichzeitig die Varianten 110/20 kV und 110/10 kV mit untersucht wurden, ist am Gleichstromnetzmodell 1 für 1980 durchgemessen worden. Die komplexe Berechnung des 110-kV-Netzes erfolgte am Gleichstromnetzmodell 1 in Verbindung mit einem Tischrechenautomaten nach dem von Schaller angegebenen Verfahren. Die dreipoligen Kurzschlußströme wurden am Gleichstromnetzmodell 2 ermittelt. Es ergab sich bei diesem Bezirksnetz, daß für die bestehenden Verhältnisse die Variante 110/30/10 kV die günstigste ist.

Ein ähnliches Bezirksnetz für die Spannungsstufung 110/30/10 kV mit 200 Knotenpunkten und Untersuchung der Varianten 110/20 und 110/30 kV für einzelne Kreise des Bezirkes ist am Gleichstromnetzmodell 2 für 1980 durchgeführt worden, und zwar für die Spannungsebenen 30 und 10 kV. Die 110-kV-Ebene wurde wiederum nach dem kombinierten Verfahren Gleichstromnetzmodell und Rechenautomat durchgeführt. Die dreipoligen Kurzschlußströme wurden am Netzmodell 1 des Instituts für elektrische Energietechnik ermittelt. Auch bei diesem Netz wurde festgestellt, daß die Spannungsstufung 110/30/10 kV mit Rücksicht auf die künftige Entwicklung und auf die bestehenden Verhältnisse die günstigste ist.

Weiterhin ist in einem Wohnbezirk einer Großstadt eine Neubausiedlung für das Jahr 1980 untersucht worden. Für die Übertragungs- und dreipolige Kurzschlußrechnung diente das Gleichstromnetzmodell 2. Es ergab sich, daß für den Zeitpunkt 1980 die Versorgung der großen Wohnblocks mit 400 V nicht mehr möglich sein wird, sondern daß es zweckmäßig ist, in jedem Wohnblock eine 10-kV-Station — wenn auch mit einfachen Mitteln — einzubauen. Die Verteilungsspannung für 400 V ist für die zu erwartenden Belastungen nicht mehr ausreichend.

Ferner wurde die komplexe Übertragungsrechnung für ein 220/110-kV-Netz mit 130 Knotenpunkten nach dem kombinierten Verfahren Gleichstromnetzmodell und Tischrechenautomat untersucht.

Die komplexe Übertragungsrechnung für ein 110-kV-Netz mit 8 Knotenpunkten wurde als Testaufgabe für den Elektronenrechner ZRA 1 als erster Versuch ausgewählt. Es hat sich erwiesen, daß das vom Rechenzentrum des VEB Carl Zeiss Jena aufgestellte Rechenprogramm für das Knotenpunktverfahren exakt arbeitete und die bereits im Ergebnis vorliegende Aufgabe von dem Elektronenrechner in 4 Minuten berechnet wurde. Es wird oft darauf hingewiesen, daß die Programmierung des Elektronenrechners Zeit in Anspruch nimmt. Das ist richtig. Wenn aber das Rechenprogramm einmal vorliegt, dann ist es eine geringe Arbeit — die von Hilfskräften ausgeführt werden kann —, die Lochkarten entsprechend den Netzdaten zu lochen. Es handelt sich um eine Arbeit von wenigen Stunden. Die Aufgabe wurde vom ZRA 1 mit 7 Näherungen, d. h. mit einer praktisch beliebigen Genauigkeit gerechnet. Eine Näherung dauerte 10 Sekunden.

Als letztes Netz sei die 110/30-kV-Planung eines Bezirksnetzes für das Jahr 1965 mit 20 Knotenpunkten angegeben. Diese Aufgabe ist ebenfalls mit gutem

Erfolg nach dem kombinierten Verfahren Gleichstromnetzmodell und Ziffernrechenmaschine ausgeführt worden.

Für Aufgaben, die am Netzanalysator und am elektronischen Analogrechner gelöst wurden, seien ebenfalls einige Beispiele genannt.

So ist am Netzanalysator das Abschalten einer Fernleitung unter verschiedenen Bedingungen gemessen worden.

Die Einschwingspannung beim Abschalten einer 136 km langen Fernleitung für den erstlöschenden Pol ist in den Abbildungen 24 bis 27 unter folgenden Bedingungen dargestellt:

1. Leitung mit Leerlauf (Abb. 24).
2. Leitung mit Wirklast an der Kurzschlußstelle (Abb. 25).
3. Leitung mit angeschlossenem leerlaufendem Netz (Abb. 26).
4. Leitung für einen Abstandskurzschluß in 82 km Entfernung vom speisenden Generator (Abb. 27).

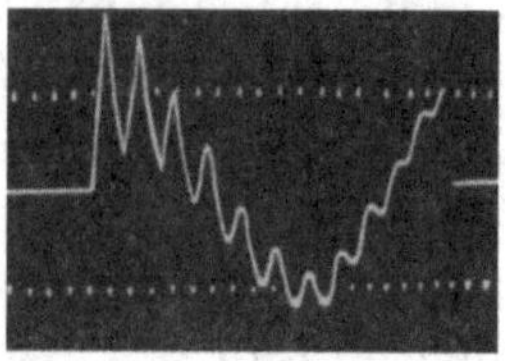

$f_e = 575$ Hz, $\gamma = 1{,}74$, $S = 0{,}56$ kV μs^{-1}

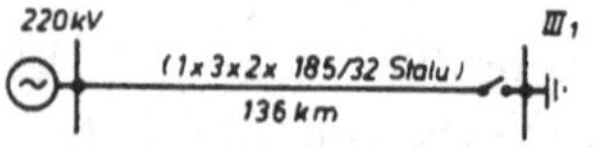

Einschwingspannung am Ende einer 136 km langen leerlaufenden 220-kV-Leitung

Abb. 24. Netzanalysator
Abschalten dreipoliger Kurzschlüsse ohne Erdberührung, erstlöschender Pol

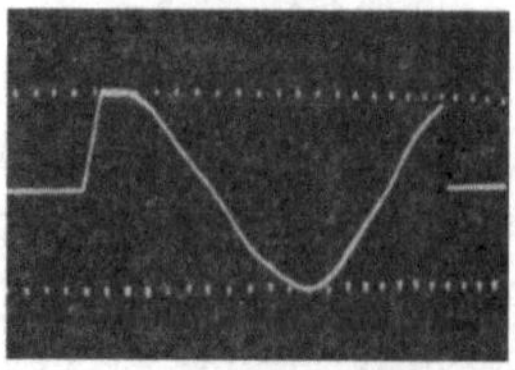

$f_e = 390$ Hz, $\gamma = 1$, $S = 0{,}22$ kVμs^{-1}

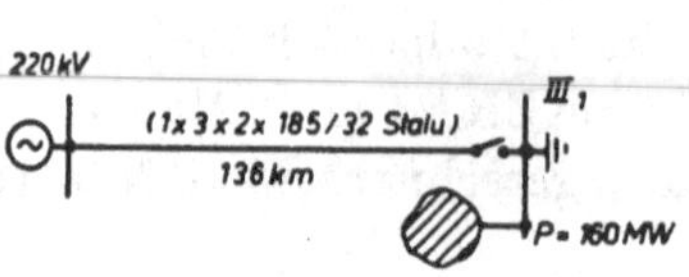

Einschwingspannung am Ende einer 136 km langen 220-kV-Leitung mit einer Wirklast von 160 MW an der Kurzschlußstelle

Abb. 25. Netzanalysator
Abschalten dreipoliger Kurzschlüsse ohne Erdberührung, erstlöschender Pol

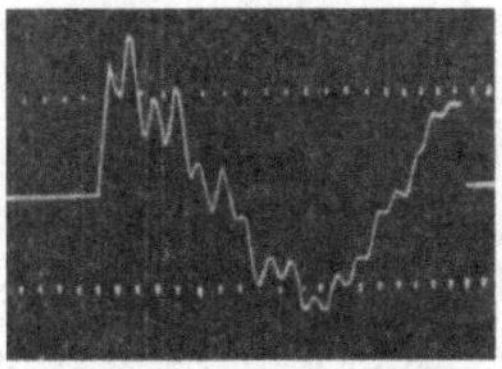

$f_e^* = 300$ Hz, $S = 0{,}56$ kVμs^{-1}

$\gamma = 1{,}58$, $\sigma = 1{,}33$

(Auswertung nach dem 4-Parameter-Verfahren von HOCHRAINER)

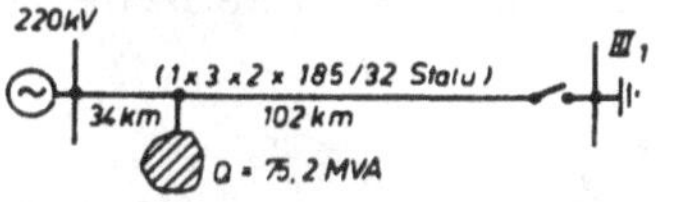

Einschwingspannung am Ende einer 136 km langen 220-kV-Leitung mit angeschlossenem leerlaufendem Netz bei 34 km

Abb. 26. Netzanalysator
Abschalten dreipoliger Kurzschlüsse ohne Erdberührung, erstlöschender Pol

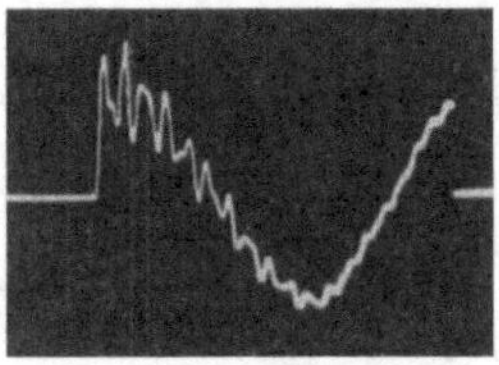

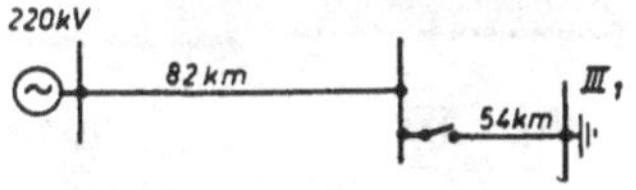

Einschwingspannung beim Abstandskurzschluß (Entfernung zwischen Schalter und Kurzschlußort 54 km)

Abb. 27. Netzanalysator
Abschalten eines Abstandskurzschlusses

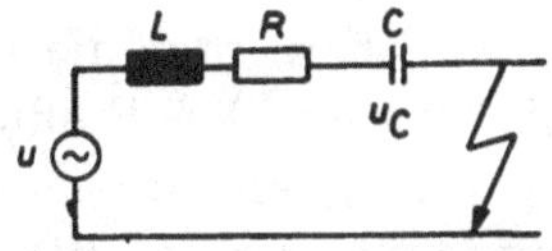

$$u_C'' + \left(\frac{R}{L} + \frac{1}{C R_D}\right) u_C' + \left(\frac{1}{LC} + \frac{R}{L C R_D}\right) u_C = \frac{1}{LC} u$$

$$u = \hat{U} \cdot \sin(\omega t + \varphi)$$

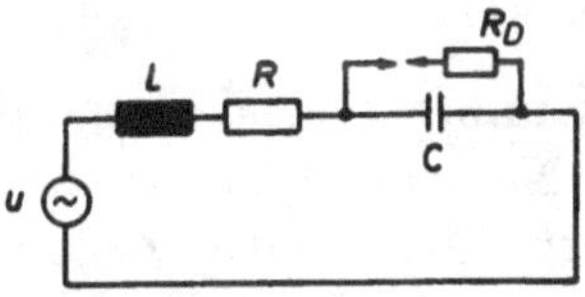

$$u_C'' + \frac{R}{L} u_C' + \frac{1}{LC} u_C = \frac{1}{LC} u$$

Abb. 28.
Überbrückungseinrichtung für Reihenkondensatoren

Als Beispiel für die Anwendungsmöglichkeit des elektronischen Analogrechners sei die Ermittlung der günstigsten Verhältnisse für die Überbrükkungseinrichtung eines Reihenkondensators genannt.

Reihenkondensatoren müssen zum Schutz gegen die bei Kurzschluß auftretende Überspannung durch schnellwirkende Überbrückungseinrichtungen geschützt werden. Durch eine Funkenstrecke wird dabei ein Dämpfungswiderstand dem Reihenkondensator parallel geschaltet.

Der Spannungsverlauf am Reihenkondensator wird nach dem Kurzschlußeintritt und dem Ansprechen der Funkenstrecke durch die in Abb. 28 angegebenen 2 Differentialgleichungen beschrieben. Da die numerische Lösung

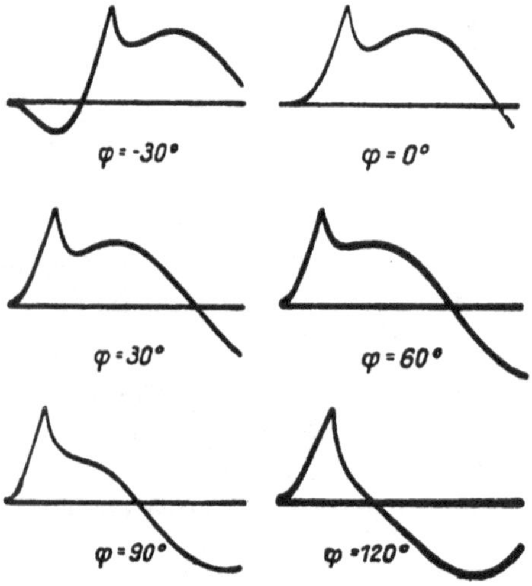

Abb. 29. Analogrechner — Einfluß des Kurzschlußeintritts auf die Spannung am Reihenkondensator

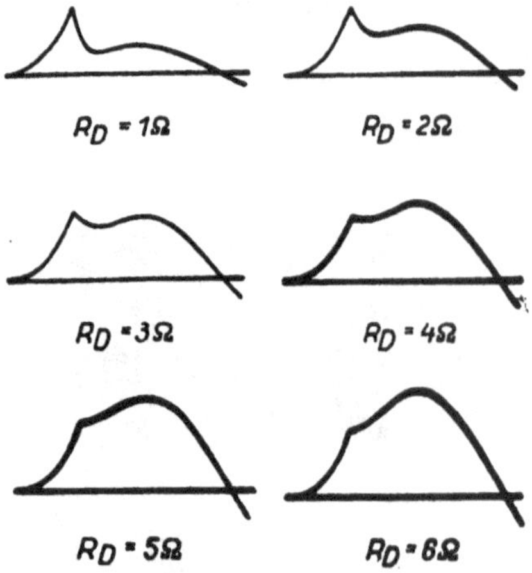

Abb. 30. Analogrechner — Einfluß des Dämpfungswiderstands auf die Spannung am Reihenkondensator

dieser Gleichungen außerordentlich umständlich ist, wurden die Lösungen am elektronischen Analogrechner ermittelt. Abb. 29 zeigt den Einfluß des Kurzschlußaugenblickes auf den Verlauf der Spannung am Reihenkondensator. Abb. 30 zeigt den Einfluß des Dämpfungswiderstandes auf den Verlauf der Spannung am Reihenkondensator.

Ausblick

Als Ergebnis der Darlegungen kann zusammenfassend festgestellt werden, daß durch die angegebenen umfangreichen Netzberechnungen die Bewährung der dafür eingesetzten Mittel bewiesen ist. Gleichzeitig haben die durchgeführten Aufgaben gezeigt, welchen Umfang die Rechenanlagen für Netzberechnungen bei mittleren Verhältnissen haben möchten. Hierzu gehören auch die an einem Hochschulinstitut nötigen Einrichtungen, um den Studenten die Möglichkeit zu geben, die Berechnungsmethoden zu üben.

Die angeführten Beispiele können ein praktischer Hinweis für die Energieversorgungsbetriebe sein, wie sich die zur Lösung ihrer in großer Menge vorliegenden Aufgaben nötigen Recheneinrichtungen zweckmäßig gestalten lassen. Die behandelten Mittel sind mit verhältnismäßig geringem Kapitalaufwand zu erstellen und bieten viele Möglichkeiten zur Lösung praktischer Netzaufgaben.

Literatur

[1] Furkert, W., Die Berechnung elektrischer Netze, dargestellt als Matrizenoperation. Wiss. Z. Hochschule Elektrotechn. Ilmenau **5** (1959) H. 2/3.

[2] Schaller, D., Die Berechnung von Kurzschlußströmen in elektrischen Netzen, dargestellt als Matrizenoperation. Wiss. Z. Hochschule Elektrotechn. Ilmenau **5** (1959) H. 2/3.

[3] Bauer, H., Optimale Lastverteilung. Arch. Elektrotechn. **42** (1955) H. 1.

[4] Schaller, D., Das komplexe Knotenpunktverfahren und seine Darstellung am Gleichstromnetzmodell. Diss. Hochschule Elektrotechn. Ilmenau, 1961.

[5] Erbacher, W., Technischer Teilbericht Nr. 182 der Studiengesellschaft für Hochspannungsanlagen e. V. 2. Teilbericht Tagung Hamburg vom 12. bis 13. 6. 57 „II. Netzgestaltung und Versorgungssicherheit".

[6] Bätz, E., Berechnung der einpoligen Erdkurzschlußströme für ein vorgegebenes 220 kV-Netz. Hochschule Elektrotechn. Ilmenau, Inst. elektr. Energietechn. Dipl.-Arb. Nr. 42, 1960.

[7] Böhning, M., Planung eines Verteilungsnetzes für den Bezirk Erfurt. Hochschule Elektrotechn. Ilmenau, Inst. elektr. Energietechn. Dipl.-Arb. Nr. 55, 1961.

[8] Dunkel, K. H., Planung eines Verteilungsnetzes für den Bezirk Gera. Hochschule Elektrotechn. Ilmenau, Inst. elektr. Energietechn. Dipl.-Arb. Nr. 54, 1961.

[9] Dzu Dza-Gjong, Planung eines Verteilungsnetzes für den Bezirk Gera. Hochschule Elektrotechn. Ilmenau, Inst. elektr. Energietechn. Dipl.-Arb. Nr. 52, 1961.

[10] Hauptstein, C., Planung eines Verteilungsnetzes für den Bezirk Erfurt. Hochschule Elektrotechn. Ilmenau, Inst. elektr. Energietechn. Dipl.-Arb. Nr. 57, 1961.

[11] Jurke, M., Ermittlung der einpoligen Erdkurzschlußströme in einem vorgegebenen 220/380-kV-Netz. Hochschule Elektrotechn. Ilmenau, Inst. elektr. Energietechn. Dipl.-Arb. Nr. 14, 1959.

[12] Legemann, R., Berechnung der Übertragungsverhältnisse für ein vorgegebenes 220/110-kV-Netz. Hochschule Elektrotechn. Ilmenau, Inst. elektr. Energietechn. Dipl.-Arb. Nr. 30, 1960.

[13] Lill, D., Übertragungsrechnung für ein vorgegebenes 220/380-kV-Netz (Höchstbelastung). Hochschule Elektrotechn. Ilmenau, Inst. elektr. Energietechn. Dipl.-Arb. Nr. 17, 1959.

[14] Meyer, J., Übertragungsrechnung für ein vorgegebenes 220/380-kV-Netz (Nachbelastung). Hochschule Elektrotechn. Ilmenau, Inst. elektr. Energietechn. Dipl.-Arb. Nr. 18, 1959.

[15] Militzer, J., Planung eines Niederspannungs-Verteilungsnetzes für gegebene Bedingungen. Hochschule Elektrotechn. Ilmenau, Inst. elektr. Energietechn. Dipl.-Arb. Nr. 58, 1961.

[16] Noack, F., Bemessung des Dämpfungswiderstandes von Überbrückungseinrichtungen für Reihenkondensatoren. Hochschule Elektrotechn. Ilmenau, Inst. elektr. Energietechn. Dipl.-Arb. Nr. 41, 1960.

[17] Polz, G., Planung eines Verteilungsnetzes für den Bezirk Erfurt. Hochschule Elektrotechn. Ilmenau, Inst. elektr. Energietechn. Dipl.-Arb. Nr. 56, 1961.

[18] RÜDENAUER, F., Untersuchung des 10-kV-Netzes der Stadt Erfurt. Hochschule Elektrotechn. Ilmenau, Inst. elektr. Energietechn. Dipl.-Arb. Nr. 9, 1959.

[19] TELLE, H., Untersuchung der Übertragungsverhältnisse des 30-kV-Netzes des Energieversorgungsbezirkes Suhl. Hochschule Elektrotechn. Ilmenau, Inst. elektr. Energietechn. Dipl.-Arb. Nr. 36, 1960.

[20] TSCHÖ HJONG-GJU, Planung eines Verteilungsnetzes für den Bezirk Gera. Hochschule Elektrotechn. Ilmenau, Inst. elektr. Energietechn. Dipl.-Arb. Nr. 53, 1961.

[21] VINCENZ, K., Berechnung der dreipoligen Kurzschlußströme für ein vorgegebenes 220/110-kV-Netz. Hochschule Elektrotechn. Ilmenau, Inst. elektr. Energietechn. Dipl.-Arb. Nr. 38, 1960.

[22] WOJNER, H.-G., Berechnung der Übertragungsverhältnisse für ein vorgegebenes 220/110-kV-Netz. Hochschule Elektrotechn. Ilmenau, Inst. elektr. Energietechn. Dipl.-Arb. Nr. 21, 1960.

DR. KARL-HEINZ BACHMANN

*Institut für angewandte Mathematik und Mechanik
der Deutschen Akademie der Wissenschaften zu Berlin*

ANWENDUNG VON RECHENAUTOMATEN IN TECHNIK UND WIRTSCHAFT

Arten von Rechenautomaten

Entsprechend den beiden klassischen Hauptrichtungen der Mathematik — Arithmetik und Geometrie — werden heute zwei Arten von Rechenautomaten unterschieden: Ziffernrechner oder *Digitalrechner* und *Analogrechner*. In Digitalrechnern werden diskrete, d. h. deutlich unterscheidbare physikalische Zustände verknüpft; das Rechnen mit Ziffern wird also auf solche Verknüpfungen abgebildet. Bei Analogrechnern hingegen werden stetig veränderliche physikalische Größen verknüpft, was einem Rechnen mit Funktionen entspricht. Die Resultate des Ziffernrechners werden gelesen, die des Analogrechners gemessen. Mitunter ist es aber auch üblich, Resultate aus der Analogform in die Digitalform automatisch umzuwandeln oder umgekehrt. Entsprechendes gilt für die Eingangsgrößen. Beispiele für die Anwendung des digitalen Prinzips findet man im Abakus, in der Handrechenmaschine oder im Geigerzähler, für Anwendungen des Analogprinzips etwa beim Rechenschieber und bei Nomogrammen. Hinzu kommt allerdings noch der wesentliche Punkt der *automatischen Steuerung* nach einem vorgegebenen *Programm*. Ist dieses Programm leicht gegen andere auswechselbar, spricht man von *Universalrechnern* im Gegensatz zu *Spezialrechnern*. Die am häufigsten benutzten Rechenautomaten sind der digitale *programmgesteuerte* elektronische *Rechenautomat* und die elektronische *Integrieranlage*.

Um diese Rechenautomaten zu charakterisieren, sei kurz ihr Aufbau erläutert. Daraus resultiert zugleich eine Einteilung der Probleme, die mit derartigen Anlagen behandelt werden können.

Ein programmgesteuerter Ziffernrechner besteht im wesentlichen aus einem *Rechenwerk*, einem *Speicher* und einem *Steuerwerk*. Er kann mit einer gewöhnlichen Tischrechenmaschine verglichen werden, die von einem Menschen nach vorher genau festgelegten Anweisungen (nach einem *Algorithmus*) bedient wird, der darüber hinaus noch über eine Anzahl von Notizblättern, einen Bleistift und einen Radiergummi verfügt. Es ist wesentlich, ob eine praktisch unbegrenzte Anzahl von Notizblättern oder nur sehr wenige Blätter verfügbar sind. Der erste Fall entspricht einem Rechenautomaten mit *Außenspeicher*, meist realisiert durch *Magnetbänder*, der zweite einem Automaten mit nur *innerem Speicher*, der einen festbegrenzten Umfang hat. Die Steuerung des Automaten erfolgt nach festgelegten Anweisungen, die jedoch bedingte Anweisungen sein können. Die Ausführung solcher bedingter Anweisungen hängt von einer Entscheidung über eine endliche Anzahl von Möglichkeiten ab. Eine derartige Entscheidung läßt sich stets auf eine Anzahl von Ja-Nein-Entscheidungen zurückführen, die wiederum bei passender ziffernmäßiger Verschlüsselung der zu prüfenden Bedingungen auf die Prüfung von Zahlen auf deren Vorzeichen reduziert werden kann.

Der *Aufbau* eines digitalen Rechenautomaten erfolgt meist so, daß sowohl Zahlen als auch Anweisungen — mit einem Sammelbegriff als *Worte* oder auch *Daten* bezeichnet — durch eine Folge von Dualziffern (0 oder 1) *verschlüsselt* werden.

Eine Zahl kann etwa in der Form

$$z = \sum_{k=-n}^{N} a_k \cdot 2^k \qquad (a_k = 0 \quad \text{oder} \quad a_k = 1)$$

genähert dargestellt werden und wird dann durch die Folge der a_k repräsentiert. Sind n und N fest gegeben, so spricht man von *Festkommadarstellung*; ist dagegen nur $N + n$ gegeben und N noch von Fall zu Fall wählbar, spricht man von *Gleitkommadarstellung*. Dann muß natürlich auch N passend verschlüsselt in der Zahlenverschlüsselung mit enthalten sein. Eine Anweisung, speziell auch *Befehl* genannt, unterscheidet sich äußerlich in der Verschlüsselung meist nicht von einer Zahl, lediglich die von der Steuerung veranlaßte Interpretation im Automaten ist anders. Jeder im Automaten vorhandenen (gespeicherten) Dualziffer ist ein elektronisches *Speicherelement* mit zwei stabilen Stellungen zugeordnet. Ein solches Speicherelement ist oft ein nur Bruchteile eines Quadratmillimeters großes Stück einer Magnetitschicht, das jedoch genau lokalisierbar sein muß.

Zum Transport und zur Verknüpfung durchlaufender Impulse, die dabei die Dualziffern repräsentieren, dienen elektronische *Schaltelemente* wie Transistoren, Röhren, Ferritkerne, Dioden, Parametrons u. a. Es ist also die elektronische Impulstechnik, die erst die Entwicklung der modernen Digitalrechner ermöglichte. Andererseits sind durchaus Rechenautomaten auf mechanischer Basis denkbar. Vor über hundert Jahren hatte Babbage bereits einen solchen mechanisch arbeitenden Automat konstruiert und zu bauen versucht. Er hat ihn allerdings nicht vollendet. Infolge der mit mechanischer Bewegung verbundenen Trägheit wäre er auch nicht funktionsfähig gewesen. Erst die Verwendung von Bauelementen der Nachrichtentechnik durch Zuse und Aiken um 1940 lieferte die ersten zuverlässig arbeitenden Rechenautomaten, deren Struktur nach 1945 hauptsächlich von J. v. Neumann geprägt wurde.

Ein moderner Rechenautomat hat etwa folgende *Struktur*:

In einem *Speicher* werden verschlüsselte Daten gespeichert. Der Speicher ist in einzeln ansprechbare Zellen aufgeteilt. Ein *Taktgeber* veranlaßt nun folgenden Ablauf: Einer vom *Befehlszähler* ausgewählten Speicherzelle wird ein Wort entnommen und in das *Entschlüsselungsregister* gebracht. Dadurch werden einzelne Dualstellen des Befehls als Anweisung für eine auszuführende Operation umgeformt und weitergeleitet, andere dienen zur Auswahl von Speicherzellen, deren Inhalte — als Zahlen interpretiert — zu verarbeiten sind. Das geschieht im allgemeinen im *Rechenwerk* in einem zweiten Takt. In einem dritten Takt wird der als natürliche Zahl zu deutende Inhalt des Befehlszählers um 1 erhöht, und der Ablauf beginnt mit der Entnahme eines neuen Befehls aus der der zuerst ausgewählten unmittelbar folgenden Speicherzelle, vorausgesetzt, daß man sich die Speicherzellen als laufend numeriert vorstellt. Ein Befehl besteht demnach aus *Operationsteil* und *Adressenteil*, wenn man, wie üblich, die in einem Befehl angegebene Nummer einer Speicherzelle als *Adresse* bezeichnet. Je nachdem, ob in einem Befehl maximal ein, zwei oder mehr Adressen enthalten sind, spricht man von *Einadreßmaschinen*, *Zweiadreßmaschinen* usw.

Führt man den sogenannten *Sprungbefehl* ein, dann kann die erwähnte Abarbeitung der Befehle aus einer Reihe aufeinanderfolgender Speicherzellen unterbrochen und an einer beliebigen, im Sprungbefehl als Adresse angegebenen Speicherzelle fortgesetzt werden. Das ermöglicht vor allen Dingen Wiederholungen im Befehlsgang. Kann der Sprungbefehl nach einer vorhergehenden Prüfung *bedingt* ausgeführt werden, so ergibt sich die Möglichkeit einer *Verzweigung* im Befehlsgang. Dann kann z. B. ein Befehlsgang so lange wiederholt werden, bis eine Prüfzahl genügend klein geworden ist.

Eine Folge von Befehlen, die eine gewünschte Rechnung auf einem gegebenen Automaten steuert, heißt *Programm*. Ein Programm aufzustellen, bedeutet demnach, einen Rechnungsgang so weit zu zergliedern, daß er aus lauter Operationen zusammengesetzt ist, die der betreffende Automat ausführen kann. Um ein Programm aufstellen zu können, bedarf es sowohl einer genauen Kenntnis des zur Auflösung des Problems notwendigen numerischen Verfahrens als auch einer genauen Kenntnis des betreffenden Rechenautomaten. Deshalb wird diese Arbeit bis heute meist von Mathematikern ausgeführt. Es wird jedoch intensiv daran gearbeitet, diese Tätigkeit zu vereinfachen. Das wird einerseits durch konstruktive Verbesserungen der Automaten, andererseits durch Ausarbeitung von Programmierungssystemen (u. a. Programmierung mit Programmbibliothek, automatisches Programmieren) geschehen. Eine der wesentlichsten konstruktiven Maßnahmen war die Einführung von *Indexregistern*, die ein Rechnen mit Zahlenmengen statt nur mit einzelnen Zahlen erlauben und damit die außerordentlich wichtige Bearbeitung von Funktionen und von Gleichungssystemen erleichtern.

Integrieranlagen verarbeiten im Gegensatz zu den Digitalrechnern nicht einzeln verschlüsselte Ziffern, sondern Funktionen, die natürlich eine spezielle physikalische Darstellung haben müssen. In den elektronischen Integrieranlagen werden Funktionen als zeitabhängige Spannungen dargestellt. Es können also nur Funktionen einer einzigen unabhängigen Veränderlichen, die durch die ablaufende Zeit repräsentiert wird, verarbeitet werden. In Integrieranlagen gibt es nur wenige Grundoperationen — Integration, Addition und Multiplikation —, und für jede Operation wird ein spezielles Bauelement benötigt. Im Gegensatz zum Ziffernrechner gibt es hier keine Speicherung von Zwischenresultaten für spätere Verwendung, ausgenommen spezielle Verzögerungseinrichtungen. Während der Ziffernrechenautomat zur automatischen Ausführung von Zahlenrechnungen dient, können mit einer Integrieranlage die Probleme behandelt werden, die im wesentlichen durch graphische Integration auslösbar sind. Es handelt sich dabei hauptsächlich um die Lösung gewöhnlicher *Differentialgleichungen* oder von Systemen solcher Gleichungen und die darauf zurückführbaren Probleme. Die Resultate werden durch Messung stetig veränderlicher Größen erhalten, etwa in Kurvenform, während sie beim Ziffernrechner durch Erkennen diskontinuierlicher Bereiche, also durch Lesen, ermittelt werden.

Die Programmierung eines Problems für eine Integrieranlage ist meist weitaus einfacher als die Programmierung für Digitalrechner. Das liegt daran, daß die Integrieranlage mit komplizierteren Elementen — nämlich mit Funktionen — arbeitet als der Digitalrechner. Bei einer Integrieranlage wird ein Programm meist durch Stecken von Verbindungskabeln zwischen den einzelnen Bauteilen realisiert. Eine Folgesteuerung wie beim Ziffernrechner gibt es nicht, alle Operationen werden gleichzeitig erledigt. Die *Rückkopplung* von Ausgängen einzelner Elemente auf Eingänge anderer Elemente ist das Prinzip, das der Lösung von Differentialgleichungen zugrunde liegt.

Technisch wird in elektronischen Integrieranlagen die Aufladung von Kondensatoren benutzt, bei denen die anliegende Spannung proportional dem Integral des aufladenden Stromes ist. Die Genauigkeit der Spannungsmessungen und vor allem die Konstanz der Bauelemente (Widerstände und Kondensatoren) beschränken hierbei die Genauigkeit. Die derzeit maximal erreichbare Genauigkeit liegt bei ca. 0,01% je Element. Das erweist sich in manchen Fällen als nachteilig; vorteilhaft ist, daß die zur Lösung eines Problems notwendige Zeit meist sehr gering ist. Beschränkt man sich in den Genauigkeitsforderungen auf ca. 0,5% je Element, so kann eine Lösungskurve in Bruchteilen einer Sekunde auf dem Oszillografen geschrieben werden. Bei höheren Genauigkeitsforderungen kann die Integrationszeit eventuell auf Stunden ausgedehnt werden. Da im erstgenannten Fall die Lösungskurven zum sicheren Erkennen mehrfach geschrieben werden müssen, bildet man die schnell integrierenden Integrieranlagen als *repetierende Rechner* aus; in ihnen wird die Lösung eines Problems dauernd wiederholt.

Beispiele für die Anwendung von Rechenautomaten

Die Anwendung von Rechenautomaten in der Technik ist derart weitgespannt, daß nur an einigen Beispielen erörtert werden kann, wie Rechenautomaten für die Bearbeitung von Problemen eingesetzt werden und weshalb ihr Einsatz notwendig ist. Die Beispiele sollen auf rein technische Rechnungen beschränkt werden. Es muß jedoch bemerkt werden, daß der Einsatz von Rechenautomaten in der Industrie, z. B. für Probleme der Optimierung oder Überwachung des Betriebsablaufes, ebenso wichtig ist. So können sowohl Analogrechner als auch Digitalrechner etwa zur Steuerung chemischer Prozesse oder zur Ablaufsteuerung in Walzwerken herangezogen werden. In diesen Fällen wird der Rechenautomat so eingesetzt, daß in ihn direkt Meßwerte eingegeben werden — etwa Drücke, Temperaturen usw. — und die Ausgabeeinrichtungen mit Verstellungseinrichtungen verknüpft werden, so daß automatisch geregelt werden kann. Allerdings steht die Entwicklung bei diesen Prozeß-Steuerungsanlagen noch am Anfang. Der Rechenautomat ist hierbei eigentlich nur ein Glied innerhalb eines großen Datenverarbeitungssystems. Jedoch können für die Planung von Abläufen bereits heute Rechenautomaten wirkungsvoll eingesetzt werden, sofern eine entsprechende mathematisch formulierte Theorie vorhanden ist.

Ein Beispiel für den Einsatz von Rechenautomaten in der Elektrotechnik ist die Berechnung des *Lastflusses* in einem Starkstromnetz. Gegeben sind eine Anzahl von *Generatorstationen*, die eine bestimmte Spannungsamplitude und eine bestimmte Wirklast abgeben sollen, sowie eine größere Anzahl von *Verbraucherstellen*, an denen geforderte Wirk- und Blindleistungen aufzubringen sind. Weiter ist mindestens ein Knotenpunkt als Bezugspunkt markiert; dort ist die Spannung gegeben. Meist ist eine große Generatorstation oder ein Einspeisungspunkt eines großen Netzes in das betrachtete Netz der Bezugspunkt. Gesucht werden nun die Spannungen und Ströme in diesem Netz, die in einem linearen Zusammenhang stehen. Da Leistungen gegeben sind, ist ein System quadratischer Gleichungen mit einer oftmals recht großen Zahl von Unbekannten zu lösen. Das Gleichungssystem erhält man in folgender Weise: Von einem Knotenpunkt Nr. i mögen Leitungen zu anderen Knotenpunkten (k) gehen, die einen komplexen Leitwert Y_{ik} haben. Bezeichnen wir die an einem beliebigen Knotenpunkt Nr. k anliegende komplexe Spannung mit U_k, so fließt ein Strom

$$I_{ik} = Y_{ik} (U_i - U_k) \tag{1}$$

vom Knotenpunkt Nr. i zum Knotenpunkt Nr. k. Der gesamte am Punkt Nr. i von außen in das Netz zu schickende Strom ist

$$I_i = \sum_{k \neq i} Y_{ik} (U_i - U_k), \tag{2}$$

die aufzubringende Leistung am Punkt Nr. i demnach

$$N_i = U_i \bar{I}_i = U_i \sum_{k \neq i} \bar{Y}_{ik}(\bar{U}_i - \bar{U}_k) = |U_i|^2 \cdot \sum_{k \neq i} \bar{Y}_{ik} - U_i \cdot \sum_{k \neq i} \bar{Y}_{ik} \bar{U}_k. \quad (3)$$

Dabei werden durch Überstreichen die konjugiert komplexen Größen gekennzeichnet. Die Vorzeichen sind so beschaffen, daß eine von außen eingespeiste Wirkleistung P_i ebenso wie eine von außen eingespeiste Blindleistung Q_i bei induktiver Belastung durch das Netz positive Vorzeichen erhalten.

Dabei ist

$$N_i = P_i + j \cdot Q_i \quad \text{mit} \quad j = \sqrt{-1}. \quad (4)$$

Wir nehmen nun an, daß n Verbraucherstellen oder Lastpunkte und m Generatorstationen sowie N Bezugspunkte die Knotenpunkte des Netzes sind. Für jeden der n Lastpunkte kann dann eine komplexe Gleichung

$$N_i = |U_i|^2 \sum_{k \neq i} \bar{Y}_{ik} - U_i \sum_{k \neq i} \bar{Y}_{ik} \bar{U}_k \qquad (i = 1, \ldots, n) \quad (5)$$

notiert werden, für jeden der m Generatorpunkte sind zwei reelle Gleichungen

$$E_i^2 = |U_i|^2 = u_i^2 + v_i^2, \quad (6)$$

$$P_i = R(|U_i|^2 \sum_{k \neq i} \bar{Y}_{ik} - U_i \sum_{k \neq i} \bar{Y}_{ik} \bar{U}_k) \qquad (i = n + 1, \ldots, n + m) \quad (7)$$

anzuschreiben. Der Index k durchläuft die Zahlen $1, \ldots, n + m + N$, mit Ausnahme des jeweiligen i. Löst man die komplexe Gleichung für N_i in zwei reelle Gleichungen für P_i und Q_i mit den Unbekannten $u_k = R(U_k)$ und $v_k = J(U_k)$ auf, so erhält man ein System von $2(n + m)$ quadratischen Gleichungen mit $2(n + m)$ Unbekannten. Hat man bei gegebenen $N_1, N_2, \ldots, N_n$ und $E_{n+1}, \ldots, E_{n+m}, P_{n+1}, \ldots, P_{n+m}$ eine Lösung des Gleichungssystems gefunden, so lassen sich sämtliche gewünschten Angaben, wie Zweigströme, Verlustleistungen, an den Bezugspunkten einzuspeisende Leistungen usw., leicht direkt berechnen.

Nun sind schon für die Auflösung eines großen Systems linearer Gleichungen mit 20 Unbekannten etwa 3000 Rechenoperationen erforderlich, bei 40 Gleichungen sind es schon etwa 25000 Rechenoperationen. Bei quadratischen Gleichungssystemen liegen die Verhältnisse in der Regel viel ungünstiger. Zunächst hat ein System von r quadratischen Gleichungen mit r Unbekannten im allgemeinen 2^r verschiedene Lösungen, unter denen auch komplexe Lösungen vorkommen können. Weiter ist der Rechenvorgang zur Lösung erheblich komplizierter als bei linearen Gleichungen und erfordert daher auch noch viel längere Rechenzeiten.

Hier ist der Einsatz von elektronischen Rechenautomaten zur Lösung größerer Systeme unumgänglich, da diese eine Rechnung nicht nur automatisch auszuführen vermögen, sondern auch die Rechenzeiten gegenüber dem rechnenden Menschen beträchtlich verringern. Häufig betrachtet man die *Rechengeschwindigkeit* als das charakteristische Kennzeichen eines Rechenautomaten. Sie wird in Operationen je Sekunde ausgedrückt, das ist die Anzahl der Befehle, die im Mittel in einer Sekunde ausgeführt werden. Diese Rechengeschwindigkeit liegt im allgemeinen zwischen rund 100 und etwa 10000 Operationen je Sekunde. Es gibt aber auch schon Automaten, die etwa 1 Million Operationen in der Sekunde ausführen können. Allerdings ist die so gemessene Rechengeschwindigkeit nicht allein bestimmend für die Zeitdauer, in der ein Problem mit einem Automaten gelöst werden kann; sowohl die Art der vorkommenden Befehle als auch die Speicherkapazität und die Ein- und Ausgabegeschwindigkeit beeinflussen diese Zeit.

Die direkte Lösung eines quadratischen Gleichungssystems ist außerordentlich schwierig und würde viel mehr Lösungen bringen als nur die eine gesuchte. Man verwendet deshalb zur Auflösung ein Näherungsverfahren. Derartige Näherungsverfahren sind meistens *Iterationsverfahren*, in denen eine Näherungslösung verbessert wird. Die so verbesserte Lösung wird dann nach dem gleichen Verfahren nochmals behandelt usw. Ein im allgemeinen recht gut konvergierendes Iterationsverfahren ist das NEWTONsche Verfahren. Dabei dürfen allerdings die Ausgangsnäherungen nicht immer beliebig gewählt werden. Außerdem liefert es bei Gleichungen bzw. Gleichungssystemen mit mehreren Lösungen — wenn überhaupt — in einem Rechnungsgang nur eine Lösung. Um auch andere Lösungen zu erhalten, sind die Ausgangswerte zu ändern. Im vorliegenden Fall interessieren jedoch nicht alle Lösungen, sondern nur die reellen Lösungen und unter ihnen wieder nur diejenige, die die kleinste Gesamtverlustleistung ergibt. Wenn die dem Netz entnommene Wirkleistung wesentlich größer ist als die Verlustleistung, wird diese Lösung eindeutig und von den anderen Lösungen klar abgrenzbar sein.

Das NEWTONsche Verfahren kann allgemein in folgender Weise formuliert werden:

$$\begin{aligned} f_1(x_1, x_2, \ldots, x_r) &= 0, \\ f_2(x_1, x_2, \ldots, x_r) &= 0, \\ \ldots\ldots\ldots \\ f_r(x_1, x_2, \ldots, x_r) &= 0. \end{aligned} \tag{8}$$

Seien r die zu lösenden Gleichungen mit r Unbekannten. Bezeichnet man mit

$$x_{10}, x_{20}, \ldots, x_{r0}$$

eine Näherungslösung und ersetzt jede der Funktionen $f_1, f_2, \ldots, f_r$ durch eine ganze lineare Funktion, die mit $f_1, f_2, \ldots, f_r$ an der Näherungsstelle $(x_{10}, x_{20}, \ldots, x_{r0})$ übereinstimmt und die gleichen partiellen Ableitungen wie $f_1, f_2, \ldots, f_r$

hat, so ergibt sich ein lineares Gleichungssystem

$$
\begin{aligned}
f_{10} + \left.\frac{\partial f_1}{\partial x_1}\right|_0 (x_1 - x_{10}) + \left.\frac{\partial f_2}{\partial x_1}\right|_0 (x_2 - x_{20}) + \cdots + \left.\frac{\partial f_r}{\partial x_r}\right|_0 (x_r - x_0) &= 0, \\
f_{20} + \left.\frac{\partial f_2}{\partial x_1}\right|_0 (x_1 - x_{10}) + \left.\frac{\partial f_2}{\partial x_2}\right|_0 (x_2 - x_{20}) + \cdots + \left.\frac{\partial f_r}{\partial x_r}\right|_0 (x_r - x_0) &= 0, \\
\cdots\cdots\cdots\cdots\cdots\cdots\cdots\cdots\cdots\cdots\cdots \\
f_{r0} + \left.\frac{\partial f_r}{\partial x_1}\right|_0 (x_1 - x_{10}) + \left.\frac{\partial f_r}{\partial x_2}\right|_0 (x_2 - x_{20}) + \cdots + \left.\frac{\partial f_r}{\partial x_r}\right|_0 (x_r - x_0) &= 0.
\end{aligned} \tag{9}
$$

In Matrizenschreibweise läßt sich das einfacher formulieren:

$$\mathfrak{f}_0 + \mathfrak{F}_0(\mathfrak{x} - \mathfrak{x}_0) = 0. \tag{10}$$

Die Auflösung nach dem Vektor $\mathfrak{x}$ mit den Komponenten $x_1, x_2, \ldots, x_r$ ergibt einen zweiten Näherungsvektor

$$\mathfrak{x}_1 = \mathfrak{x}_0 - \mathfrak{F}_0^{-1}\mathfrak{f}_0, \tag{11}$$

auf den man das Verfahren wieder anwenden kann, usw. Im vorliegenden Fall eines quadratischen Gleichungssystems ist die Matrix $\mathfrak{F}$ der partiellen Ableitungen einfach gebaut. Sie soll hier nicht im einzelnen angegeben werden, jedenfalls setzen sich die einzelnen partiellen Ableitungen linear aus den Spannungen u_k und v_k zusammen. Ein Schritt des Newtonschen Verfahrens erfordert somit die Lösung eines umfangreichen linearen Gleichungssystems. Die damit verknüpften umfangreichen Rechnungen können allerdings vereinfacht werden, wenn man dieses Gleichungssystem nur genähert löst. Hierfür wird häufig ein Verfahren angewendet, das nur mit der Berechnung von jeweils 4 Elementen der Matrix $\mathfrak{F}$ operiert und bei dem sukzessive nur jeweils 2 Unbekannte u_i und v_i, also Realteil und Imaginärteil der Spannungen in einem Punkt, geändert werden. Dieses Verfahren stellt den ersten Schritt eines als *Relaxationsverfahren* bekannten Verfahrens zur Lösung des linearen Gleichungssystems dar. Da letzten Endes die exakte Lösung dieses linearen Ersatzsystems für das quadratische System gar nicht interessiert, bricht man sogleich nach diesem ersten Schritt ab und geht zum nächsten Schritt des Newtonschen Verfahrens über, bei dem u_{i+1} und v_{i+1} verbessert werden. Auf diese Weise erhält man dann ein gut konvergentes Verfahren, wenn die in einem Punkt zusammenstoßenden Leitungen etwa gleich große — also nicht um Größenordnungen verschiedene — Leitwerte haben. Es sei noch bemerkt, daß die neuerdings häufig verwendete Methode der *Überrelaxation* gegenüber der ursprünglichen, bereits Gauss bekannten Form des Relaxationsverfahrens eine Konvergenzbeschleunigung bringt, die sich auch hierbei günstig auswirkt. Während nach dem ursprünglichen Relaxationsverfahren eine oder mehrere Unbekannte so abgeändert werden, daß ebenso viele Gleichungen exakt erfüllt sind (in unserem Falle zwei), werden bei Überrelaxation die an den Unbekannten anzubringenden Korrekturen noch mit einem Faktor ω multipliziert, dessen Zahlenwert meist mit 1,6 angenommen wird.

Für einen Rechenautomaten kann nun ein Programm angefertigt werden, das, von den bekannten Daten ausgehend, die Spannungen, Ströme, Verlustleistungen und andere gewünschte Angaben ausdruckt. Veränderungen im Netz durch Zuschalten oder Abschalten usw. können leicht durch entsprechende Zusatzprogramme berücksichtigt werden. Der Digitalrechner bietet bei diesem Problem gegenüber der Messung an Netzmodellen den Vorteil, ohne Änderung des Programmes beliebige Netze bearbeiten zu können und die gewünschten Daten ohne einen Meßvorgang oder zusätzliche Rechnungen gedruckt zu liefern.

Ein zweites Beispiel soll die Anwendung von Integrieranlagen, die für die Behandlung technischer Probleme besonders geeignet sind, illustrieren. Man kann die Verknüpfung der elektrischen Größen in *Drehstrommaschinen* durch ein Differentialgleichungssystem ausdrücken, das, sogleich in Matrizenform geschrieben, die Form

$$\mathfrak{u}(\gamma) = \mathfrak{A}\mathfrak{p} + \frac{d\mathfrak{p}}{d\tau} + \left(1 + \frac{d\gamma}{d\tau}\right)\mathfrak{B}\mathfrak{p} \tag{12}$$

hat; dabei ist $\mathfrak{u}(\gamma)$ ein vom Lastwinkel γ des Polrades abhängiger Vektor von angelegten Spannungen, $\mathfrak{p}$ der Vektor der magnetischen Flüsse durch die einzelnen Wicklungen und τ die unabhängige Variable, die der Zeit proportional ist. Das von der Maschine erzeugte Drehmoment ist

$$M = \mathfrak{p}'\mathfrak{C}\mathfrak{p}, \tag{13}$$

und die Bewegungsgleichung des Läufers lautet

$$\frac{d^2\gamma}{d\tau^2} = k(M - m). \tag{14}$$

Dabei ist m das äußere Gegenmoment durch Belastung oder Antrieb der Maschine; $\mathfrak{A}$, $\mathfrak{B}$ und $\mathfrak{C}$ sind Matrizen mit konstanten Elementen, k ist ebenfalls feststehend. Das durch die Gleichungen (12) und (14) beschriebene Gleichungssystem ist wegen der Produktdarstellung (13) von M nicht linear. Die Gleichungen können auf einer Integrieranlage mit einer für die meisten Zwecke (etwa Untersuchung des Einschwingvorganges) genügenden Genauigkeit nur behandelt werden, wenn die für die Brechung des Momentes M nötigen Multipliziergeräte zur Verfügung stehen.

Um ein solches System mittels einer Integrieranlage zu behandeln, geht man von Differentialquotienten zu Integralen über und schaltet die Elemente der Integrieranlage entsprechend zusammen. Eine Rückkopplung stellt die Beziehung zwischen den linken und rechten Seiten der Gleichung her. Die

Schaltung für das angegebene Beispiel ist ziemlich kompliziert, daher soll die Art des Vorgehens nur an der Schwingungsdifferentialgleichung

$$y'' + k^2 y = 0$$

erörtert werden. Man kann sie umformen in

$$k^2 \int \left[\int y'' \, dx \right] dx = k^2 y = -y''$$

und benutzt zur Lösung die in der Abbildung angegebene Prinzipschaltung.

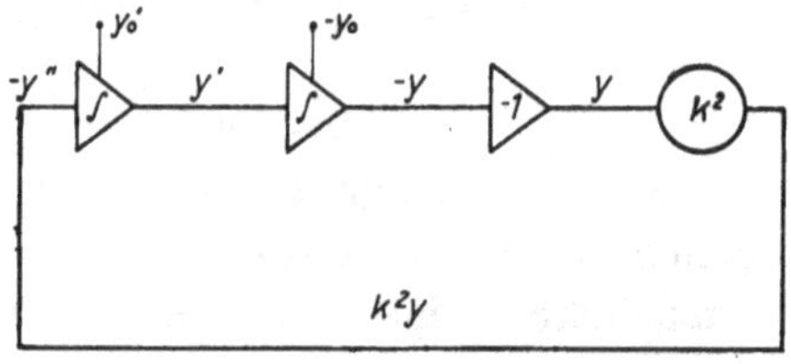

Abb. Prinzipschaltung

Dabei bildet ein durch ein Dreieck mit Integralzeichen symbolisiertes Bauelement das negative Zeitintegral der angelegten Spannung, das durch ein Dreieck mit -1 gekennzeichnete Element kehrt die Polarität um, und das durch einen Kreis dargestellte Element gibt eine Multiplikation mit k^2. Allerdings sind noch Maßstabsbetrachtungen erforderlich, auf die hier nicht näher eingegangen werden kann.

Die Behandlung von Problemen mit Integrieranlagen ist besonders wirksam, wenn der Einfluß von Parametern beobachtet werden soll. Besonders gut eignen sich dann hierfür die repetierenden elektronischen Integrieranlagen, da die Lösung sofort als Kurve auf einem Oszillografenschirm beobachtet werden kann. Allerdings darf das Problem wegen der geringen Genauigkeit dieser Art von Integrieranlagen nicht zu umfangreich sein.

Aus der Fülle der Probleme, die nur durch den Einsatz von Rechenautomaten mit erträglichem Aufwand gelöst werden können, seien nur einige genannt:

Berechnung von Maschinenschwingungen z. B. im Turbinenbau, wobei teilweise Theorien — etwa über den Einfluß der Schmierung auf die Eigenfrequenzen — erst durch umfangreiche Rechnungen bestätigt werden können.

Berechnung der Dimensionierung schiefer Platten im Brückenbau und einer großen Zahl anderer Probleme der Bauingenieurtechnik.

Schwingungsverhalten von Straßen- oder Schienenfahrzeugen; hierfür eignen sich Integrieranlagen besonders gut.

Optimierungsprobleme in der Warenverteilung (Transport und Lagerhaltung) oder in der Landwirtschaft (Aufteilung der Anbauflächen).

Es ist nicht möglich, auf einzelne Probleme näher einzugehen. Die angeführten Beispiele geben jedoch einen Einblick in den Anwendungsbereich von Rechenanlagen, der sich auf alle Zweige der modernen Technik und Wirtschaft erstreckt.

Der Einsatz von Rechenautomaten

Die Anwendung von Digitalrechnern setzt eine sehr gute Vorbereitung und Aufgliederung der einzelnen Probleme voraus. Der einzuschlagende Weg wird aus dem geschilderten Beispiel ersichtlich. Zunächst ist die zu behandelnde Aufgabe soweit wie möglich theoretisch zu klären. Danach ist ein Weg zur effektiven Berechnung der gewünschten Zahlenwerte, ein *numerisches Verfahren*, zu suchen. Handelt es sich nicht um numerische Aufgaben, sondern um allgemeine Datenverarbeitungsprobleme — etwa Sprachübersetzung —, so ist vorher eine passende ziffernmäßige Verschlüsselung festzulegen. Das numerische Verfahren muß oftmals aus einer Anzahl in Frage kommender Methoden ausgewählt werden, wobei für Automaten diejenigen Rechenmethoden besonders geeignet sind, die aus häufigen Wiederholungen gleichartiger einfacher Rechnungen zusammengesetzt sind. Das trifft z. B. für die meisten Iterationsverfahren zu. Das ausgewählte Verfahren muß dann für den Automaten programmiert werden. Hierzu pflegt man zuerst ein *Strukturdiagramm* aufzustellen, aus dem ersichtlich wird, wie die einzelnen Teile der Rechnungen zu verknüpfen sind und an welchen Stellen Verzweigungen auf Grund von Entscheidungen im Rechengang auftreten. Ein grobes Strukturdiagramm für die iterative Lösung des erwähnten quadratischen Gleichungssystems kann ein auf Seite 94 dargestelltes Aussehen haben.

Nach einem solchen, jedoch stärker aufgegliederten Strukturdiagramm, läßt sich dann das eigentliche Maschinenprogramm, Befehl für Befehl, aufstellen. Das fertiggestellte Programm muß überprüft und am Automaten mit einem speziell dafür vorbereiteten Zahlenbeispiel mit bekannten Resultaten ausprobiert werden.

Die Programmierungsarbeit wird erleichtert, wenn auf bereits einmal gebrauchte Programme wieder zurückgegriffen werden kann, d. h. wenn eine sogenannte *Programmbibliothek* vorhanden ist. In einer Programmbibliothek ist stets auch eine Anzahl von *Unterprogrammen* vorhanden, das sind in sich abgeschlossene Teilprogramme, die in größere Programme — sogenannte *Hauptprogramme* — an beliebigen Stellen eingefügt werden können. Tritt z. B. in einem zu berechnenden Ausdruck die Funktion sin x auf, so wird in programmgesteuerten Rechenautomaten üblicherweise zur Berechnung des Funktionswertes ein Unterprogramm aufgerufen. Dieses und andere Unterprogramme, wie etwa zur Berechnung einer Quadratwurzel, anderer elementarer Funktionen, zur Lösung einfacher Gleichungen usw., sind in der Pro-

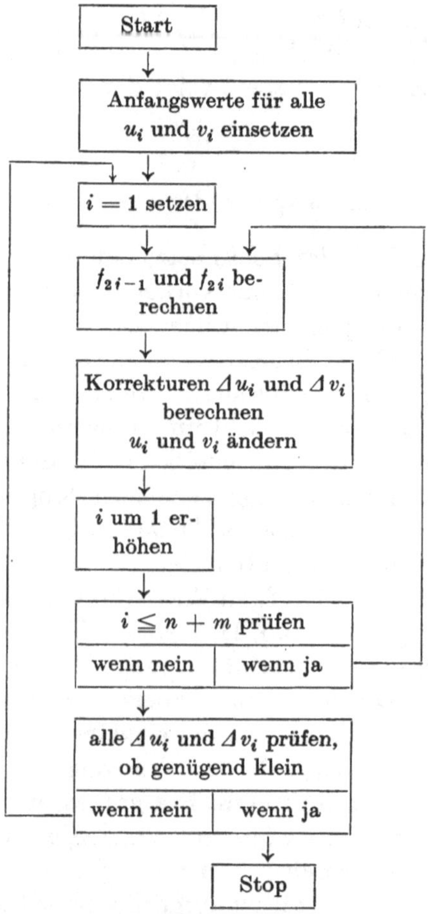

Strukturdiagramm

grammbibliothek eingabefertig gelagert. Ferner enthält eine Programmbibliothek eine Anzahl von Hauptprogrammen, in denen der Aufruf beliebiger Unterprogramme möglich ist, soweit ausreichend Speicherkapazität verfügbar ist. Diese Rahmenprogramme werden z. B. zur numerischen Integration von Differentialgleichungen benutzt. Die Einsatzfähigkeit einer Rechenanlage hängt weitgehend davon ab, wie die zugehörige Programmbibliothek beschaffen ist. Deshalb ist es für eine neue Rechenanlage stets notwendig, eine Programmbibliothek zusammenzustellen. Vom Herstellerbetrieb wird meist eine mehr oder weniger umfangreiche Programmbibliothek mitgeliefert.

Das Programmieren selbst kann mit Hilfe der *automatischen Programmierung* erleichtert werden. Dabei wird die nach festen Regeln mögliche Zusammenstellung des Maschinenprogramms dem Rechenautomaten selbst übertragen.

Diese Zusammenstellung erfolgt nach verschlüsselten Anweisungen, die den im Strukturdiagramm vorkommenden Anweisungen entsprechen und genormt sind. Beim automatischen Programmieren handelt es sich also um einen Vorgang, der so ähnlich wie die Übersetzung aus einer Sprache in eine andere verläuft. Die Elemente, aus denen die erwähnten Anweisungen gebildet werden, können somit als Worte einer Kunstsprache angesehen werden. Eine solche Kunstsprache für Zwecke der Beschreibung und Programmierung numerischer Verfahren ist etwa die Sprache ALGOL 60 (algorithmic language), die international weit verbreitet ist.

Bisher wurde die Programmierung meist von Berufsmathematikern ausgeführt. Je weiter jedoch die Methoden der Programmierung vereinfacht und genormt werden, um so mehr kann diese Arbeit von Entwicklungsingenieuren und anderen Interessenten selbst bzw. auch von speziell geschulten Hilfskräften erledigt werden. Letzteres wird vor allem in größeren *Rechenzentren* geschehen, die sich besonders der Behandlung komplizierter und umfangreicher Probleme widmen. Die maschinelle Ausrüstung eines derartigen Rechenzentrums sollte deshalb einen Hochleistungsrechenautomaten enthalten, der von einem speziell für die dabei anfallenden Arbeiten ausgebildeten Mitarbeiterstab betreut wird. Die Anzahl der Mitarbeiter in solchen großen Rechenzentren wird sich in der Größenordnung von Hundert bewegen. Um einen Maßstab für die Leistungsfähigkeit elektronischer Digitalrechner zu geben, sei erwähnt, daß bereits ein Kleinrechenautomat Hunderte von Malen schneller rechnet als es einem Menschen möglich ist, ein Großrechenautomat wiederum die hundertfache oder tausendfache Leistung bringt, also in einer Sekunde mehr berechnen kann, als einem Menschen an einem Tag oder in einer Woche möglich ist. Derart hohe Leistungen bedingen einen entsprechenden Aufwand für Formulierung und Auswertung; aus diesem Grunde erfordert ein Rechenzentrum eine starke Konzentration von Fachkräften.

Für spezielle Untersuchungen und Routinerechnungen ist in vielen Fällen der eigens zu diesem Zweck erfolgende Einsatz von Rechenanlagen angebracht. Da hierbei immer wiederkehrende Arbeiten zu erledigen sind, kommt man meist mit einer geringeren Zahl von Fachkräften aus. Entsprechendes gilt für die Analogrechner, die mehr und mehr zu einem unentbehrlichen Hilfsmittel des Ingenieurs werden.

Die moderne Rechentechnik rückt eine große Zahl von Fragestellungen in den Vordergrund, die bislang nicht in Angriff genommen werden konnten. Der Anwendungsbereich der datenverarbeitenden Maschinen wird mit jedem Tag größer. So entstehen neuartige Beziehungen zwischen den verschiedenen Wissenschaftsdisziplinen, etwa zwischen Mathematik, Physik und Chemie einerseits und Biologie, Medizin u. a. andererseits. Die bisher vorhandenen Bindungen zwischen der Mathematik und den anderen Wissenschaften vertiefen sich, eine moderne Technik ist ohne einen großen Anteil der Mathematik nicht denkbar. Die wissenschaftlichen Methoden, verwickelte Zusammenhänge exakt zu fassen, also Theorien aufzustellen und anzuwenden, bedingen immer mehr das Gesicht der heutigen Technik. Der Einsatz von Rechenautomaten dient diesen Methoden in besonderer Weise. Eine gute Zusammenarbeit von Technikern und Mathematikern ist in immer stärkerem Maße notwendig und sollte deshalb in jeder Weise gefördert werden.

Literatur

[1] Arkeus, S., u. Bubenko, I. A., Berechnung der Lastverteilung in Energieversorgungsnetzen mit Digitalrechnern. Elektron. Datenverarbeitung (1961) H. 3.

[2] Hannakam, L., Anwendung von Rechengeräten zur Ermittlung der Einschwingvorgänge der Synchronmaschine; in: Anwendung neuzeitlicher Rechengeräte in der Schwingungstechnik. VDI-Ber. **30** (1958).

Dr. Egon Schindowski
Institut für angewandte Mathematik und Mechanik der Deutschen Akademie der Wissenschaften zu Berlin

PROBLEME DER STATISTISCHEN QUALITÄTSKONTROLLE IN DER ELEKTROTECHNIK

Die Anwendung der mathematischen Statistik auf Probleme der industriellen Fertigung hat im Jahre 1923 mit der Veröffentlichung der Arbeit von H. F. Dodge und H. G. Romig (Bell Telephone Laboratories) über Stichprobenpläne begonnen. Die Abnahmekontrolle durch Stichproben ist sehr nützlich und findet in vielen Industriezweigen Anwendung. Leider aber werden oft die wirksamsten Methoden nicht voll genutzt. Eine Abnahmekontrolle durch Stichproben gestattet nur die Feststellung, ob ein Los „gut" oder „schlecht" ist; eine unmittelbare Einwirkung auf den Fertigungsprozeß ist jedoch ausgeschlossen. Erst nach Beendigung der Arbeitsgänge, die die Qualität eines Erzeugnisses bestimmen, erfolgt an Hand einer Stichprobe die Prüfung. Deshalb ist es im allgemeinen nicht möglich, die Ergebnisse dieser Kontrolle zu benutzen, um das Qualitätsniveau der Produktion zu erhöhen und damit die Herstellung fehlerhafter Erzeugnisse zu verhindern.

Die Anwendung statistischer Methoden bei der Fertigungskontrolle geht auf W. A. Shewhart (Bell Telephone Laboratories) zurück, der um 1930 die *Kontrollkarte* entwickelte. Das Wort „Kontrollkarte" ist eine wörtliche Übersetzung des englischen „control chart", wobei das Wort „to control" nicht „prüfen", sondern „steuern", „überwachen" oder „beherrschen" bedeutet. Wenn ein Fertigungsprozeß „in statistischer Kontrolle" läuft, so bedeutet dies nicht nur, daß eine Kontrolle angewendet wird, sondern daß man die Fertigung hinsichtlich der Qualität in der Hand hat, daß das Fertigungsverfahren gut gesteuert wird oder daß der Ausschußprozentsatz unterhalb einer festgelegten Grenze bleibt. Das Wort „chart" wird zwar mit Karte übersetzt, bedeutet aber eine Graphik. Eine Kontrollkarte ist also eine Art graphischer Darstellung eines gut geführten Fertigungsprozesses. Unter *statistischer Qualitätskontrolle* versteht man somit die Anwendung mathematisch-statistischer Methoden zur Regulierung von Fertigungsprozessen mit dem Ziel, Ausschuß und Nacharbeit möglichst zu verhindern.

Sind Qualitätsmerkmale wie z. B. Länge, Gewicht, Festigkeit, Mischungsverhältnis erst einmal festgelegt, so ergibt sich die Frage, wie genau diese Qualitätsmerkmale eingehalten werden können. Da die Qualität des Werkstoffs nicht gleichbleibend ausfällt, die Maschinen bzw. Anlagen einen verschiedenen

Abnutzungsgrad aufweisen und auch die Leistungen des Menschen unterschiedlich sind, ergeben sich *unvermeidbare* oder *zufällige* Schwankungen in der Qualität der Erzeugnisse. Neben diesen Schwankungen, die also dem betreffenden Fertigungsprozeß eigentümlich sind, gibt es *vermeidbare* oder *systematische* Schwankungen, die durch außergewöhnliche Störungen im Fertigungsprozeß entstehen. Diese Schwankungen müssen gefunden und abgestellt werden.

Sollen Messungen an Erzeugnissen durchgeführt werden, so lohnen sich diese nur dann, wenn sie auch aufgeschrieben werden. Die einfachste Art der Aufschreibung besteht in einer chronologischen Notierung der Meßwerte. Dadurch erhält der Prüfer einen Überblick über die zeitliche Änderung des betrachteten Abmaßes. Es gehört allerdings schon einige Übung dazu, derartige Aufschreibungen richtig zu deuten, da sie oftmals an Anschaulichkeit zu wünschen übrig lassen.

Die Anschaulichkeit läßt sich durch eine Häufigkeitsverteilung wesentlich steigern. Aus der Form der Verteilung können bei genügender Übung und Erfahrung bereits sehr wesentliche Schlüsse gezogen und Informationen gewonnen werden.

Auf Abb. 1 ist der Einfluß der Bearbeitung wiedergegeben. Es handelt sich um das oben links dargestellte Teil — einen Rückschlußbügel für Haushalts-

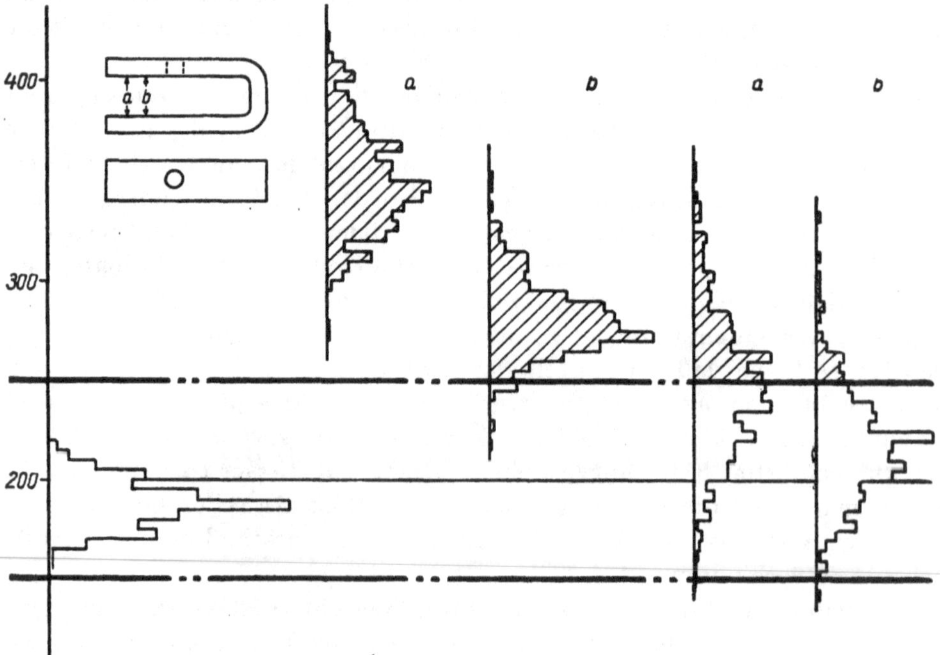

Abb. 1. Veränderung der Abmaße durch die Bearbeitung

zähler —, bei dem es aus funktionellen Gründen auf die beiden Maße *a* und *b* ankommt. Beide Maße sollen außerdem einander gleich sein, was bei den angelieferten Teilen der Fall war. Die Häufigkeitsverteilung links im Bild zeigt, daß der Hersteller in der Lage ist, die vorgeschriebenen Toleranzen einzuhalten, wenngleich sich auch Istmaß (Mittelwert der Verteilung) und Sollwert (Toleranzmitte) nicht decken.

Der erste Bearbeitungsgang des Teiles sah das Stanzen eines Loches vor. Die beiden Häufigkeitsverteilungen in Bildmitte zeigen den Erfolg des Stanzens. Die Abmaße *a* und *b* unterscheiden sich beträchtlich; der bearbeitete Bügel hat sich aufgebogen. Das Maß *a* ist im Mittel größer als das Maß *b*. Außerdem hat die Streubreite erheblich zugenommen. Die nächste Bearbeitungsstufe bestand im Veredeln des Teiles (Sanden und Lackieren). Die entstandenen Häufigkeitsverteilungen zeigen an, daß die Bügel nicht wieder in ihre alte Stellung zurückgekehrt sind. Zwar liegen die Abmaße zum großen Teil wieder innerhalb der Toleranzen, doch die Streubreite der Erzeugnisse ist etwa gleich groß geblieben. Alle Teile müssen geprüft und gerichtet werden; die Anwendung eines Stichprobenplans ist zwecklos. Da offensichtlich das Stanzen des Loches die Ursache für die Vergrößerung der Streubreite ist, muß in Erwägung gezogen werden, eine andere Bearbeitungsmethode (z. B. Bohren des Loches) anzuwenden.

Im VEB Elektro-Physikalische Werkstätten Neuruppin, der ausschließlich Bandfilter herstellt, werden u. a. die elektrischen Charakteristiken dieser Filter mit Hilfe von Häufigkeitsverteilungen reguliert. Die Ermittlung des ökonomischen Nutzens wird in diesem für die Anwendung der statistischen Qualitätskontrolle besonders geeigneten Betrieb vom Arbeitskreis „Arbeitsproduktivität und Löhne" bei der Deutschen Akademie der Wissenschaften zu Berlin vorgenommen.

Häufigkeitsverteilungen sagen aber noch nichts über die zeitliche Folge der Meßergebnisse aus. Wie bereits erwähnt, gibt es zufällige und systematische Schwankungen in der Qualität der Erzeugnisse. Wenn die Erzeugnisse erst am Ende des Fertigungsprozesses geprüft werden, lassen sich zwischen beiden Arten von Schwankungen keine Unterschiede mehr feststellen. Da aber gerade die systematischen Schwankungen festgestellt und beseitigt werden sollen, muß man auf Stichproben zurückgreifen, die der laufenden Fertigung entnommen werden.

Das Schema des Ablaufs einer solchen statistischen Kontrolle während der Fertigung ist sehr einfach. In bestimmten Zeitabständen geht ein Kontrolleur an den zu kontrollierenden Punkt, entnimmt der Fertigung, die in der Zeit seit seinem letzten Kontrollgang hergestellt wurde, eine aus mehreren Stücken (z. B. $n = 5$) bestehende Stichprobe und prüft die einzelnen Stücke. Die Ergebnisse werden in eine Kontrollkarte eingetragen, in der horizontal die laufenden Nummern der Stichproben oder die Zeiten der Probenahmen vermerkt werden. Vertikal wird das Qualitätsmerkmal oder eine abgeleitete Größe (Mittelwert, Median, Standardabweichung, Spannweite) vermerkt. Nach oben und nach unten sind die Karten durch Kontrollinien begrenzt, die so gelegt sind, daß bei einem einwandfrei laufenden Fertigungsprozeß, bei dem also nur Einflüsse zufälliger Art wirksam sind, die Wahrscheinlichkeit für das Überschreiten der Kontrollinien sehr klein ist. Bei einem solchen Fertigungsprozeß erwartet man also praktisch alle Werte innerhalb der Kontrollinien. Sobald aber ein Wert außerhalb der Kontrollgrenzen liegt, ist mit großer Wahrscheinlichkeit anzunehmen, daß eine systematische Schwankung, eine Störung, vorliegt. Die Ursache für diese Störung muß sofort gesucht und beseitigt werden. Die seit dem vorangegangenen Kontrollgang hergestellten Erzeugnisse müssen nun Stück für Stück geprüft werden.

Die Anwendung von Kontrollkarten hat u. a. folgende Vorteile:

1. Die Leistung einer jeden Maschine kann diagnostiziert werden.
2. Der Lauf der Maschine kann stetig überwacht werden.
3. Die Überwachung mittels Kontrollkarten zeigt an, wann die Maschine neu eingerichtet werden muß bzw. daß dies nicht nötig ist.

Kontrollkarten für meßbare Qualitätsmerkmale haben den Vorzug, daß sie die besten Informationen vermitteln. Da aber für jede Qualitätscharakteristik eine eigene Kontrollkarte angelegt werden muß, wird man aus Gründen der Wirtschaftlichkeit nur Karten für das kritische Maß führen. Es gibt allerdings auch Merkmale, die nicht ohne weiteres mit Meßgeräten untersucht werden können. Hierzu gehören z. B. visuelle Prüfungen. Oft verzichtet man bewußt auf eine durch Zahlen ausdrückbare Messung, z. B. dann, wenn Lehren benutzt werden. Die geprüften Stücke werden dann in „einwandfreie“ und „fehlerhafte“ eingeteilt. Dadurch ist der Anteil der fehlerhaften Erzeugnisse bekannt. Derartige Feststellungen werden in vielen Betrieben seit jeher gesammelt; sie können mit Hilfe einer p-Karte (Kontrollkarte für den Anteil fehlerhafter Teile) statistisch ausgewertet werden.

Der Arbeitsanfall zum Führen einer p-Karte ist sehr klein, da im allgemeinen nur einmal täglich die Prüfergebnisse ausgewertet werden. Deshalb ist die p-Karte nicht so schnell wirksam wie eine Kontrollkarte für meßbare Qualitätsmerkmale. Diese hat nicht nur den Zweck, bei einem Erzeugnis Nacharbeit und Ausschuß zu senken, sondern sie erfüllt noch weitere Aufgaben. Die Betriebsleitung ist z. B. darüber informiert, wie die Fertigung eines bestimmten Erzeugnisses qualitätsmäßig läuft und wie sie sich entwickelt. Die Karte gibt auch Hinweise, wo die Gütekontrolle sorgfältig arbeitet und wo sich Veränderungen nach der einen oder anderen Seite zeigen.

Da man bei komplizierten Erzeugnissen aus der p-Karte nicht erkennen kann, welche Mängel im einzelnen maßgebend sind, muß, um die Karte feinfühliger zu gestalten, eine Aufteilung der Fehler vorgenommen werden.

Tabelle 1. Formblatt mit allen für die Kontrollkarte wichtigen Angaben

Monat *Feb. 1956*	Anzahl der geprüft. Stck.	Anzahl der beanst. Stck.	%	OKGp %	UKGp %	Fehleranalyse *AA Wellenfertigung*												Bemerkungen
Datum	n	np	p	$\bar{p} = 2,5$		(AM)	AZ	AD	AF	AB	AS							
1.	192	7	3,7	5,8	—	8		2			5							
2.	301	7	2,3	5,2	—	7		3			4							
3.	212	5	2,4	5,7	—	5		1			4							
4.	257	4	1,6	5,3	—	6	1	3										
5.	—	—	—	—	—	—	—	—	—	—	—							
6.	343	11	3,2	5,0	—	6		3			8							
7.	320	11	3,4	5,1	—			6			5							
8.	345	11	3,2	5,0	—	8		9			2							
9.	301	7	2,3	5,2	—	5		5			2							
10.	200	6	3,0	5,8	—	2		3			3							
11.	79	3	3,8	—	—	3		2			1							
12.	—	—	—	—	—	—	—	—	—	—	—							
13.	205	5	2,4	5,8	—		1	2			3							
14.	57	3	5,3	—	—	1		3										
15.	384	17	4,7	4,8	—	2	3	1			14							
16.	353	7	2,0	4,9	—	1		3			4							
17.	397	7	1,8	4,8	—	1	1	2	1		3							
18.	222	1	0,4	5,6	—	3	1											
19.	—	—	—	—	—	—	—	—	—	—	—							
20.	310	22	7,1	5,1	—	3	3	2			19							
21.	366	14	3,8	4,9	—	5		4			10							
22.	384	17	4,4	4,8	—	2		6			11							
23.	347	2	0,6	4,9	—	3	1	1										
24.	400	8	2,0	4,8	—	12		3	1		4							
25.	233	3	1,3	5,6	—	1		2			1							
26.	—	—	—	—	—	—	—	—	—	—	—							
27.	257	9	3,5	5,4	—	14	4	1			4							
28.	309	4	1,3	5,1	—	11		3	1									
29.	200	9	4,5	5,8	—	11		4			5							
30.	—	—	—	—	—	—	—	—	—	—	—							
31.	—	—	—	—	—	—	—	—	—	—	—							
Summen	6974	198	2,8	—	—	120	15	74	3	0	112							

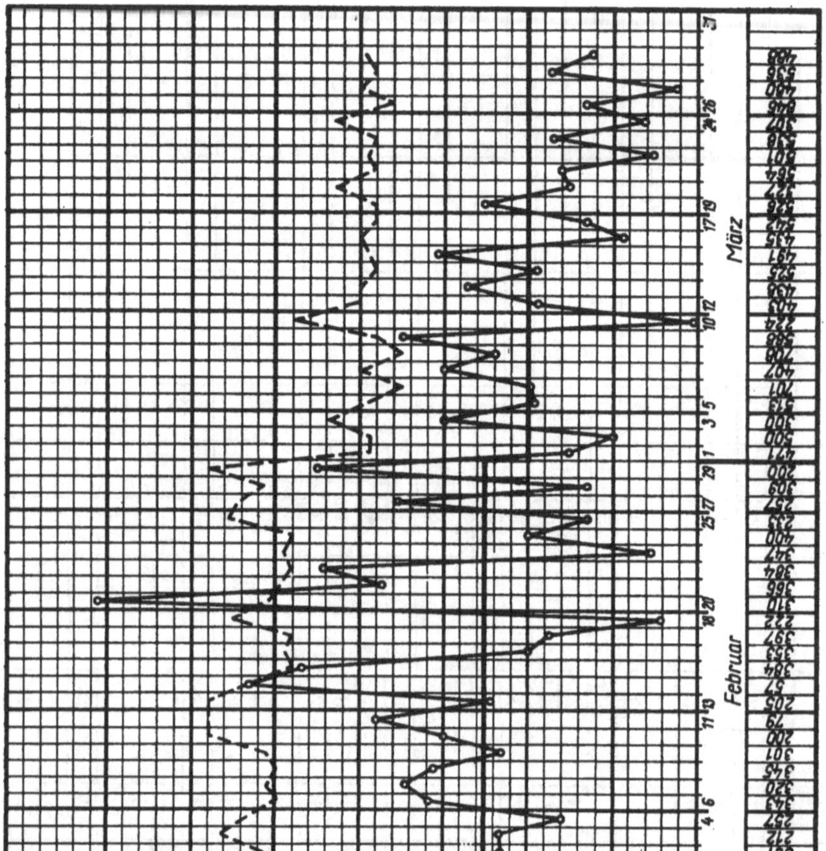

Abb. 2. Kontroll-Karte (AA-Wellen)

Tab. 1 zeigt ein Formblatt, das alle für die Kontrollkarte wichtigen Angaben enthält; es gilt für einen Monat. Täglich wird die Anzahl der geprüften Teile, hier Wellen von Elektromotoren, sowie die Anzahl der Ausschußstücke eingetragen. Neben der Berechnung des Ausschußprozentsatzes p und der Kontrollgrenzen befindet sich auf der rechten Seite des Formblattes eine Fehlertabelle. Die Ausschußwellen werden täglich auf die hauptsächlichsten Fehlerarten aufgeteilt. Man erkennt mit einem Blick, daß die Arbeitsgänge Drehen (AD) und Schleifen (AS) die wesentlichsten Fehlerquellen bergen. Bei AM handelt es sich um Materialfehler, die im Laufe der Bearbeitung festgestellt wurden. Diese Fehler blieben bei der Berechnung des Ausschußprozentsatzes selbstverständlich unberücksichtigt. Durch das systematische Erfassen der Materialfehler war der Betrieb in der Lage, den Hersteller auf Mängel seiner Fertigung aufmerksam zu machen und eine Verbesserung herbeizuführen.

Abb. 2 zeigt die p-Karte. Man ersieht aus ihr die Qualitätsbewegung während eines Quartals. Während im Januar noch der durchschnittliche Ausschuß bei 3,1% lag, konnte er im März im Mittel auf 2% gesenkt werden. Der Ausschußprozentsatz p verläuft allerdings in diesem Quartal noch sehr unruhig. Erst in der zweiten Hälfte des Monats März ist eine Beruhigung eingetreten. Die letzten Eintragungen liegen sogar unterhalb der Mittellinie, so daß mit einem weiteren Absinken des Ausschusses gerechnet werden kann. Einige Werte p liegen oberhalb der oberen Kontrollgrenze. In diesem Fall sind also zu den zufälligen Störursachen noch systematische hinzugetreten, deren Aufsuchen durch die Fehleranalyse erleichtert wird. Sofern eine untere Kontrollgrenze vorhanden ist, kann ein Unterschreiten dieser Grenze von Bedeutung sein, weil hierdurch entweder eine lasche oder fehlerhafte Prüfung oder eine erhebliche Verbesserung des Prozesses angezeigt wird.

Über die ökonomischen Auswirkungen der Anwendung von p-Karten im VEB Elektromotorenwerk Wernigerode, aus dem das behandelte Beispiel stammt, wurde schon des öfteren berichtet. Da in diesem Betrieb seit 1955 Kontrollkarten zur ständigen Einrichtung geworden sind, ergeben sich gute Vergleichsmöglichkeiten der im Laufe der Jahre erzielten Ergebnisse. Durch gemeinsame Anstrengungen des gesamten Werkkollektivs, gestützt auf die durch die Kontrollkarten gegebenen Hinweise, wurde einschließlich sämtlicher

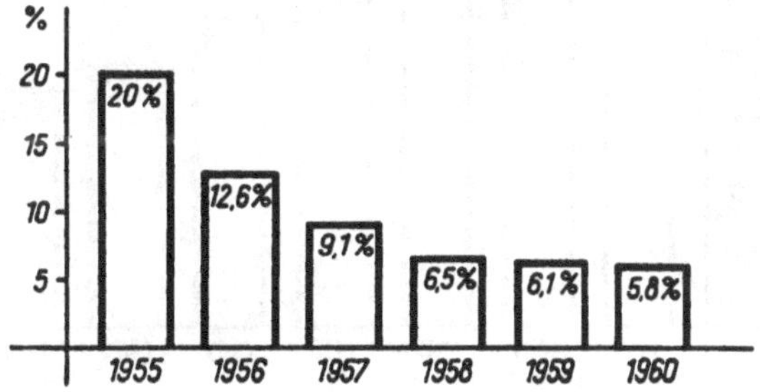

Abb. 3.
Motorenwickelei
Fertigungsfehler in % zur Stückzahl

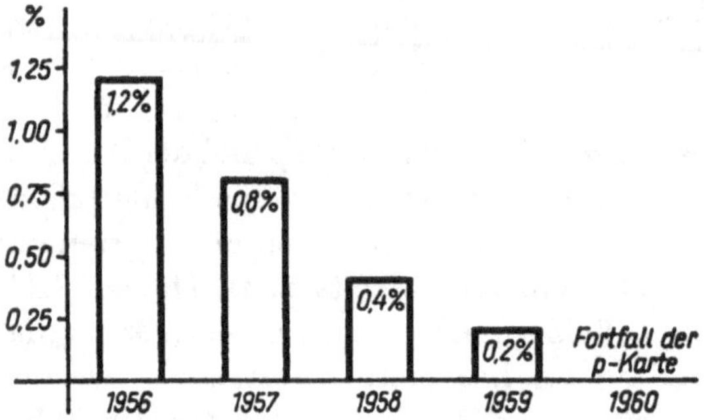

Abb. 4.
Wellenschleiferei
Fertigungsfehler in % zur Stückzahl

qualitätsverbessernder Maßnahmen eine laufende Senkung der Kosten für Ausschuß, Nacharbeit und Garantieleistung erreicht.

Die beiden folgenden Abbildungen (Abb. 3 und 4) zeigen die Entwicklung der Fertigungsfehler seit Einführung der Kontrollkarten. In der Wellenschleiferei haben die Fertigungsfehler im Laufe der Zeit so weit abgenommen, daß es sich nicht mehr lohnt, weiterhin Kontrollkarten zu führen. Die stete Reduzierung der Fertigungsfehler schlägt sich in der Entwicklung des Kostenbildes nieder und führte zu einer erheblichen Senkung der Ausschußkosten. Die Senkung gegenüber 1955 beträgt 64% (Abb. 5). Während die Gesamtausschußkosten stetig gesenkt wurden, wirkte sich der Anlauf neuer Typen (z. B. Einheitsmotor im Jahre 1958) besonders auf die Entwicklung der selbstverschuldeten Ausschußkosten aus. Gegenüber 1955 betrug die Senkung 76% (Abb. 6).

Die durch Anwendung von Kontrollkarten erreichte Steuerung des Produktionsprozesses schafft Voraussetzungen für eine Hebung des Qualitäts-

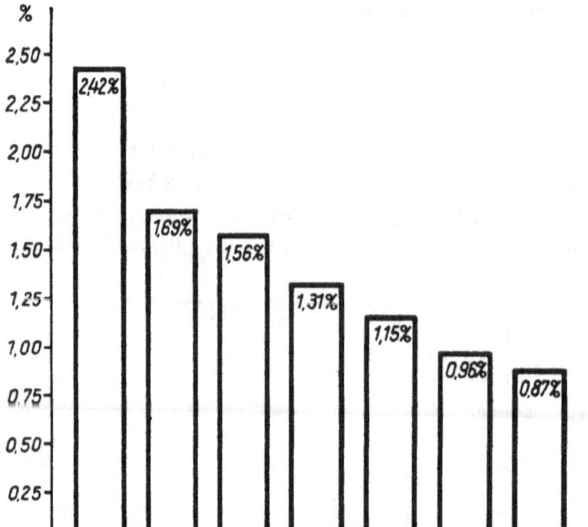

Abb. 5.
Gesamt-Fehlleistungen
Senkung gegenüber 1955: 64%

Abb. 6.
Selbstverschuldete Ausschußkosten
Senkung gegenüber 1955: 76%

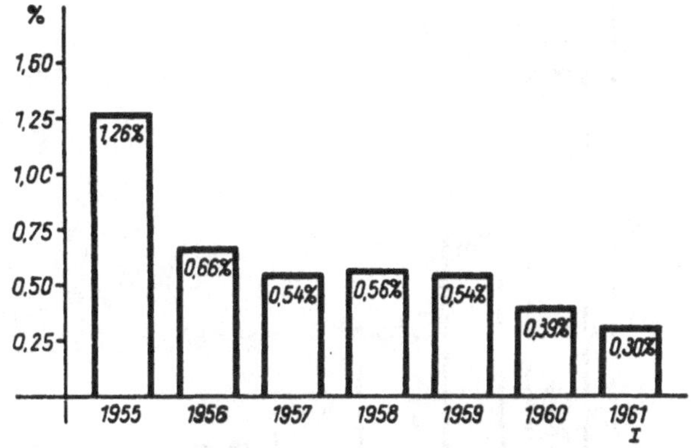

niveaus. Das findet in der Entwicklung der Garantieleistungen seinen Ausdruck (Abb. 7).

Im VEB Elektromotorenwerk Wernigerode ermöglichte das in einzelnen Fertigungsabschnitten erreichte gute Qualitätsniveau eine erhebliche Senkung des Kontrollaufwandes (Abb. 8). Es sei aber an dieser Stelle ausdrücklich betont, daß mit der statistischen Qualitätskontrolle in erster Linie eine Steuerung des Fertigungsprozesses bezweckt wird. Eine Senkung des Kontrollaufwandes ist zwar vielfach mit der Anwendung der statistischen Qualitätskontrolle verbunden, es muß aber nicht immer so sein. Die Einsparungen seit Einführung der statistischen Qualitätskontrolle betrugen in diesem Betrieb mehr als 5 Millionen DM.

In der Elektroindustrie ist man angesichts der oft sehr großen Stückzahl von Teilen nicht immer in der Lage, jedes einzelne Stück zu prüfen. In diesem Fall ist es üblich, nur einen kleinen Teil des gesamten Loses, eine Stichprobe, zu prüfen. Prüfungen durch Stichproben werden schon seit jeher durchgeführt;

Abb. 7.
Garantieleistungen
Senkung gegenüber 1955: 53%

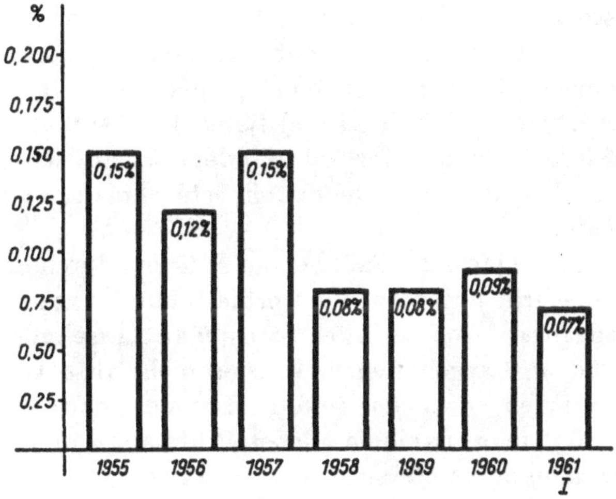

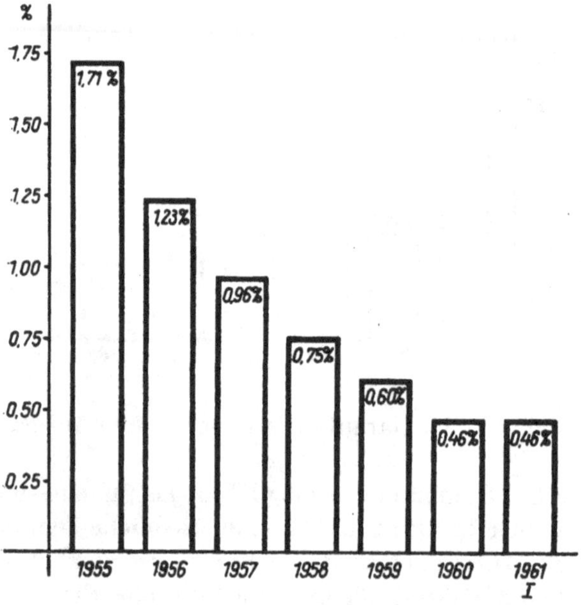

Abb. 8.
Kontrollaufwand
Senkung gegenüber 1955: 73%

allerdings werden dabei wissenschaftlich fundierte Stichprobenpläne nur selten verwendet. Die Prüfung wird mehr oder weniger nach Faustregeln vorgenommen, z. B. wird vielfach ein bestimmter Prozentsatz des Loses geprüft (*Prozentstichprobenplan*). Beim Nachrechnen solcher Verfahren stellt sich dann meistens heraus, daß man sich einer Selbsttäuschung hingegeben hat. Die aus der Prüfung abgeleiteten Schlüsse sind in den meisten Fällen viel zu optimistisch.

Da sowohl die 100%igen Prüfungen (*Aussortierungen*) — es werden dabei durchschnittlich nicht mehr als 80% der tatsächlich vorhandenen Ausschußstücke gefunden — als auch die erwähnte Art der Stichprobenprüfung nicht immer befriedigen, bedient man sich wissenschaftlicher Stichprobenpläne, von denen man von vornherein genau weiß, was sie zu leisten vermögen. Jede Stichprobe enthält sowohl für den Hersteller als auch für den Abnehmer ein Risiko: für den Hersteller, indem ein an sich gutes Los zufällig als schlecht, für den Abnehmer, indem ein schlechtes Los zufällig als gut beurteilt werden kann.

Im einfachsten Fall, bei der Prüfung durch eine Stichprobe, besagt die Prüfvorschrift folgendes: Man prüfe n blindlings aus dem Los herausgegriffene Erzeugnisse; sind darunter höchstens c Ausschußstücke, so gilt das Los als „gut" und wird angenommen. Werden mehr als c Ausschußstücke in der Stichprobe gefunden, so gilt das gesamte Los als „schlecht" und wird zurückgewiesen.

Will man aus einem solchen Prüfplan (n, c) richtige Schlußfolgerungen ziehen, so muß man untersuchen, welche Ergebnisse man erhält, wenn man Losen mit bekanntem Ausschußanteil p Stichproben entnimmt. Man kann die Wahrscheinlichkeit berechnen, daß die einem Los mit bekanntem Ausschußanteil p entnommene Stichprobe vom Umfang n höchstens c Ausschußstücke enthält. Diese Wahrscheinlichkeit wird Annahmewahrscheinlichkeit genannt und mit $L(p, n, c)$ bezeichnet.

Trägt man diese Annahmewahrscheinlichkeiten in Abhängigkeit von der Ausschußquote p auf (Abb. 9), so erhält man die *Operationscharakteristik* oder *Annahmekennlinie*, der die Risiken des Herstellers und des Abnehmers entnommen werden können. Der Verlauf der Operationscharakteristik hängt im wesentlichen vom Stichprobenumfang und der Annahmezahl c ab.

Zur Kennzeichnung von Stichprobenplänen legt man bestimmte Punkte auf der Annahmekennlinie fest. Der Verbraucher ist interessiert, sich davor zu schützen, daß Lose mit hohem Ausschußanteil in seinen Betrieb gelangen; für ihn ist also der Teil der Annahmekennlinie für hohen Ausschußanteil wichtig. Im allgemeinen gibt man für den Verbraucher ein Risiko von 0,10 (10%) vor. Den Hersteller dagegen interessiert der linke obere Teil der Annahmekennlinie. Er verlangt, daß Lose mit einem niedrigen Ausschußanteil praktisch immer angenommen werden. Gelegentlich muß er aber in Kauf nehmen, daß ein Los mit niedrigem Ausschußanteil abgelehnt wird. Für das Risiko des Herstellers hat man bisher keine einheitliche Regelung getroffen; man nimmt hierfür 10%, 5% oder gar noch weniger.

Mehr und mehr setzt sich die Ansicht durch, daß zur Charakterisierung eines Stichprobenplanes die Kenntnis der erwähnten Punkte auf der Operationscharakteristik allein nicht ausreicht, sondern daß der Verlauf der Annahmekennlinie insgesamt maßgebend ist. Für die Anwendung der Stichprobenprüfung ist, insbesondere bei der Ausgangskontrolle, eine statistisch gesteuerte Fertigung eine wichtige Voraussetzung. Der durchschnittliche Aus-

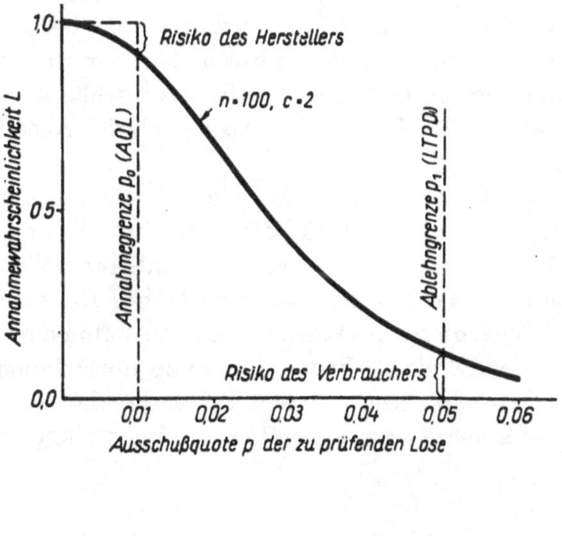

Abb. 9. Operationscharakteristik $n = 100$, $c = 2$

schußprozentsatz der Lose darf die Annahmegrenze nicht überschreiten, soll mit der Stichprobenprüfung ein Erfolg erzielt werden.

Für die Praxis liegt eine Reihe bereits berechneter Stichprobensysteme vor. Da jede Prüfung Informationen vermitteln soll, darf auch die Stichprobenprüfung nicht Selbstzweck bleiben. Sie soll nicht nur dazu dienen, Fehler zu finden, sondern sie soll auch dazu beitragen, diese zu verhüten. Der vorteilhafteste Kontrollplan ist daher der Plan, der in kürzester Zeit mit dem kleinsten Aufwand die meisten Informationen liefert.

Wenn auch die Anwendung der Methoden der statistischen Qualitätskontrolle den Betrieben zur Pflicht gemacht wird, muß bei ihrer Einführung mit einer gewissen Behutsamkeit vorgegangen werden. Auch die Anwendung von Stichprobenplänen kann nicht einfach erzwungen werden. Hierfür ein Beispiel. Ein Betrieb, der keramische Teile für die Elektroindustrie herstellt — Körper für Sicherungen —, wird von seiner VVB gedrängt, bei der Prüfung Stichprobenpläne anzuwenden. Der Ausschuß bei diesen Teilen beträgt zur Zeit 8% und mehr; er ist fertigungstechnisch bedingt und vorerst nicht zu senken. Der Verbraucher — es handelt sich um zu exportierende Erzeugnisse — läßt aber höchstens 3% Ausschuß zu. Die Anwendung eines Stichprobenplanes ist zunächst sinnlos, es sei denn, daß man in der Lage ist, den Fertigungsprozeß so zu verbessern, daß im Mittel weniger als 3% Ausschuß erzeugt werden. Jeder Plan, der auf eine Annahmegrenze von 3% abgestellt ist, führt aber bei 8% durchschnittlichem Ausschuß bei mehr als 60% der Lose zur Ablehnung. Stichprobenpläne bringen hier somit zunächst keinen Nutzen. Es muß bei der 100%igen Prüfung bleiben. Lediglich das Ergebnis des Aussortierens kann durch Stichproben nachgeprüft werden (Kontrolle der 100%igen Prüfung).

Die Methoden der statistischen Qualitätskontrolle sind immer dann anwendbar, wenn es sich um eine gleichbleibende Fertigung handelt. Die Anwendungsmöglichkeiten sind sehr vielfältig. Hinsichtlich der Einführung der statistischen Qualitätskontrolle im Betrieb ergeben sich allerdings insofern einige Schwierigkeiten, als diese Verfahren den besonderen Gegebenheiten des Betriebes angepaßt werden müssen. Dies ist weitaus schwieriger als die Durchführung der statistischen Qualitätskontrolle an sich, die technisch so einfach ist, daß ihr der Kontrolleur, aber auch der Arbeiter an der Maschine durchaus gewachsen sind.

In den letzten Jahren sind viele Betriebe mehr und mehr zu der Erkenntnis gelangt, daß es zweckmäßig ist, Mathematiker oder Ingenieure ausschließlich für Fragen der statistischen Qualitätskontrolle einzusetzen. Allgemein kann festgestellt werden, daß sich dies bisher als sehr fruchtbringend erwiesen hat, wenngleich diese Spezialisten in der Zusammenarbeit mit den leitenden Funktionären noch einige Schwierigkeiten zu überwinden haben.

Wie richtig diese Tendenz ist, kann daraus ersehen werden, daß die Anwendung der statistischen Qualitätskontrolle in der volkseigenen Industrie der

Deutschen Demokratischen Republik nunmehr durch den Gesetzgeber grundsätzliche Anerkennung gefunden hat. Mit der am 15. Oktober 1960 in Kraft getretenen „Verordnung über die Technische Kontrollorganisation (TKO) in den volkseigenen Produktionsbetrieben und die Verbesserung der Qualität industrieller Erzeugnisse" wird es den Betriebsleitungen zur Pflicht gemacht, alle Voraussetzungen für eine systematische Lösung der Qualitätsaufgaben zu schaffen, wozu auch die Einführung und Auswertung der statistischen Qualitätskontrolle gehört. Weiter ist in diesem Gesetz vorgesehen, daß zur Durchführung einer wirksamen Qualitätsbeurteilung in möglichst breitem Umfang mathematisch-statistische Methoden der Qualitätskontrolle anzuwenden sind (Stichprobenpläne usw.). Zwischen Zuliefer- und Abnehmerbetrieben sind soweit wie möglich Vereinbarungen über gemeinsam anzuwendende Stichprobenpläne abzuschließen.

Somit kann gesagt werden, daß sich in der DDR erfreulicherweise die Erkenntnis durchzusetzen beginnt, daß die statistische Qualitätskontrolle einen wesentlichen Beitrag zur Erzielung eines hohen Qualitätsniveaus zu leisten vermag. Die Arbeiter in den Betrieben ringen zur Zeit um die Erfüllung des Produktionsaufgebots. Dieses ist u. a. gekennzeichnet durch:

1. maximale Steigerung der Arbeitsproduktivität,
2. Einsparung von Kosten und Material,
3. Erzielung von Qualitätsarbeit.

Dabei kann die statistische Qualitätskontrolle zu einer wesentlichen Hilfe werden. Dazu ist es aber erforderlich, daß deren Methoden konsequent ein- und durchgeführt werden, auch wenn dies nicht von Anfang an mit sichtbaren Einsparungen verbunden ist, sondern zunächst sogar zusätzliche Kosten verursachen kann.

Hierzu sei auf eine Untersuchung hingewiesen, über deren Ergebnis Prof. Clifford (USA) auf der Londoner Konferenz der Europäischen Organisation für Qualitätskontrolle 1960 berichtete. Er rechnet zu den Kosten der Qualität

a) die Kosten für die Vorbeugung (das sind Kosten, die aufgewendet werden müssen, um schlechte Qualität zu verhindern),
b) die Prüfkosten (das sind Kosten, die für die Messung der Qualitätscharakteristiken aufgewendet werden müssen, Laborkosten usw.),
c) die Ausschußkosten (das sind Kosten des Ausschusses und der Nacharbeit sowie Kosten, die aus Reklamationen, Garantieleistungen usw. entstehen).

Nach Clifford betragen diese drei Kostenarten (bezogen auf die gesamten Kosten der Qualität):

2—10% für die vorbeugenden Kosten,
20—40% für die Prüfkosten,
50—80% für die Ausschußkosten.

Man erkennt aus diesen Angaben, daß erschreckend wenig für die vorbeugenden Kosten ausgegeben wurde. Will man also die Prüfkosten und Ausschußkosten reduzieren, so kann dies nur dadurch geschehen, daß die Mittel für die Vorbeugung erhöht werden.

Derartige Untersuchungen für die DDR liegen leider noch nicht vor; es kann aber angenommen werden, daß die Proportionen hinsichtlich der Kosten für die Vorbeugung ähnlich ungünstig liegen.

Vor kurzem wurde von der im Frühjahr 1959 bei der Deutschen Akademie der Wissenschaften zu Berlin gegründeten Unterkommission für statistische Qualitätskontrolle beschlossen, Arbeitskreise zu bilden. Bestimmte Mitglieder der Unterkommission haben die Aufgabe übertragen bekommen, geeignete Personen zu Arbeitskreisen mit speziellen Aufgaben zusammenzufassen. Diese Arbeitskreise werden sich künftig u. a. mit Fragen der Qualifizierung, mit der Entwicklung von Lehrmaterial, mit der Vereinheitlichung der Formulare, mit der Ermittlung des ökonomischen Nutzens, mit Fragen der Standardisierung sowie der Schaffung einer internationalen Zeitschrift für die Anwendung der Mathematik in der Industrie und Ökonomie befassen.

Sehr wichtig ist nach wie vor ein noch größerer Kontakt bzw. Erfahrungsaustausch zwischen allen mit der statistischen Qualitätskontrolle beschäftigten Experten, besonders des sozialistischen Lagers. In letzter Zeit wurden z. T. gemeinsam mit der Technischen Hochschule „Otto von Guericke", Magdeburg, alljährlich Kolloquien über Probleme der statistischen Qualitätskontrolle durchgeführt, die in steigendem Maße auch von Wissenschaftlern aus dem Ausland besucht werden. So hat sich ein umfassender Erfahrungsaustausch mit Bulgarien, der ČSSR, Polen, Rumänien, Ungarn, der deutschen Bundesrepublik und der Europäischen Organisation für Qualitätskontrolle (OECQ) entwickelt. Da periodische Kolloquien dieser Art bisher in keinem der sozialistischen Länder durchgeführt werden, ist damit zu rechnen, daß unsere Tagungen in Zukunft noch mehr als bisher zu einem Mittelpunkt für den regelmäßigen, fruchtbringenden Erfahrungsaustausch im internationalen Maßstab, insbesondere aber innerhalb des sozialistischen Lagers, werden.

Bereits auf dem 4. Kolloquium über Probleme der statistischen Qualitätskontrolle (Magdeburg, Oktober 1959) wurden von einigen Teilnehmern der drei vertretenen Länder ČSSR, Polen und DDR grundsätzliche Fragen der Zusammenarbeit der sozialistischen Länder auf dem Gebiet der statistischen Qualitätskontrolle eingehend diskutiert und konkrete Vorschläge ausgearbeitet.

Auch auf dem 6. Kolloquium über Probleme der statistischen Qualitätskontrolle, das im Oktober 1961 ebenfalls in Magdeburg stattfand, wurde von den ausländischen Teilnehmern die Meinung vertreten, daß durch eine enge organisierte internationale Zusammenarbeit die Einführung der statistischen Qualitätskontrolle in den sozialistischen Ländern rascher vorangetrieben und eine schnellere Lösung gemeinsamer Probleme gefördert werden könnte. Außerdem würde — mit Rücksicht darauf, daß in den einzelnen Ländern bei der Erprobung der genannten Methoden unterschiedliche Wege gegangen wurden — die Möglichkeit bestehen, anderen Ländern die erworbenen Erfahrungen auf dem Gebiet, in dem das betreffende Land führend ist, zu übermitteln. Es besteht daher bei führenden Wissenschaftlern und Praktikern der Wunsch, daß die Zusammenarbeit innerhalb des sozialistischen Lagers durch Schaffung einer internationalen Kommission für statistische Qualitätskontrolle gefestigt und verbessert wird, um die Arbeit in den verschiedenen Ländern zu koordinieren und insbesondere den unmittelbaren Kontakt zwischen den betreffenden Industriezweigen anzubahnen. Das Problem einer internationalen Kommission soll im Mai 1962 anläßlich der in Prag stattfindenden Konferenz über die Anwendung der mathematischen Statistik im Maschinenbau erneut behandelt werden.

Zur Schaffung geeigneter Kader der statistischen Qualitätskontrolle werden bereits an vielen Hoch- und Fachschulen obligatorische und fakultative Vorlesungen gehalten. Aber auch zur Qualifizierung der bereits im Betrieb arbeitenden Menschen wird schon viel getan. Im Rahmen der Veranstaltungen der Kammer der Technik wurden verschiedene Lehrgänge durchgeführt. Besondere Verdienste hat sich in letzter Zeit das Referat für mathematische Statistik des Deutschen Amts für Material- und Warenprüfung (DAMW) erworben, das nicht nur meist 14tägige Lehrgänge für bestimmte Industriezweige durchführte, sondern auch die Mitarbeiter des DAMW über die Ziele und die Methoden der statistischen Qualitätskontrolle instruierte.

Zur Unterstützung der Lehr- und Vortragstätigkeit werden wie bei vielen anderen Wissengebieten auch bei der statistischen Qualitätskontrolle spezielle Lehrmittel benötigt. Seit vielen Jahren zählt auch der Film zum unentbehrlichen Hilfsmittel, bestimmte Vorgänge anschaulich zu machen. Im Auftrage des Deutschen Zentralinstituts für Lehrmittel wurde daher ein Lehrfilm (Farbtonfilm) über Theorie und Praxis der Kontrollkarten hergestellt. Ein weiterer Lehrfilm über die Anwendung von Stichprobenprüfplänen, in dem es im wesentlichen um die Bedeutung der Operationscharakteristik geht, wird vorbereitet. Gerade hinsichtlich der Anwendung der Stichprobenprüfung bestehen nämlich meist noch sehr unklare Vorstellungen. Der Film wurde z. T. im VEB Wälzlagerwerk „Josef Orlopp“, Berlin-Lichtenberg, unter Mitwirkung von Betriebsangehörigen gedreht. In diesem Betrieb werden statistische Methoden bereits seit mehreren Jahren mit großem Erfolg angewendet. Der Film ist — außer für Lehrzwecke — nicht zuletzt dafür bestimmt, in geeigneten Betrieben vor den Beschäftigten vorgeführt zu werden, um ihnen in anschaulicherer Weise, als es der reine Vortrag vermag, zu zeigen, welche reichen Möglichkeiten die statistische Qualitätskontrolle zur Verbesserung der Arbeit bietet.

Literatur

(deutschsprachige)

[1] KLEMM, L., RIEHL, H.-J., SIEGEL, H., u. TROLL, W., Statistische Kontrollmethoden in der Textilindustrie. VEB Fachbuchverlag, Leipzig 1960.

[2] KRAUSE, R., Bibliographie zur statistischen Qualitätskontrolle — Auswahl deutschsprachiger Veröffentlichungen der Jahre 1955—1959. Deutsche Staatsbibliothek, Bibliographische Mitteilungen (1960) 18.

[3] LUSTIG, H., PFANZAGL, J., u. SCHMETTERER, L., Moderne Kontrolle. Österr. Statistische Gesellschaft (Selbstverl.), Wien 1956.

[4] LUSTIG, H., u. PFANZAGL, J., Industrielle Qualitätskontrolle (50 Beispiele aus der Praxis). Österr. Statistische Gesellschaft (Selbstverl.), Wien 1957.

[5] MASING, W., Statistische Qualitätskontrolle in der Baumwollspinnerei. Konradin-Verlag, Stuttgart 1955.

[6] SCHAAFSMA, A. H., u. WILLEMZE, F. G., Moderne Qualitätskontrolle. Philips Technische Bibliothek, Eindhoven 1955.

[7] SCHINDOWSKI, E., u. SCHÜRZ, O., Statistische Qualitätskontrolle — Kontrollkarten. VEB Verlag Technik, Berlin 1959.

[8] SCHINDOWSKI, E., u. SCHÜRZ, O., Bibliographie zur statistischen Qualitätskontrolle. Deutsche Staatsbibliothek, Bibliographische Mitteilungen (1959) 15.

[9] STRAUCH, H., Statistische Güteüberwachung. Carl Hanser Verlag, München 1956.

[10] ŽALUDOVÁ, A., u. a., Statistische Qualitätskontrolle und Regulierung der Fertigungsprozesse (Übersetzung aus dem Tschechischen). Verlag Die Wirtschaft, Berlin 1957.

Prof. Dr. ARTHUR WEIGAND

Professor mit Lehrstuhl und Direktor des Instituts für Festigkeitslehre und Schwingungsforschung an der Technischen Universität Dresden
Stellvertretender Direktor des Instituts für angewandte Mathematik und Mechanik der Deutschen Akademie der Wissenschaften zu Berlin

ANWENDUNG MATHEMATISCHER METHODEN IN DER MECHANIK DER FESTEN KÖRPER

Bei der rechnerischen Untersuchung von Problemen aus der Mechanik des festen Körpers muß man stets von einem Modell des Werkstoffes ausgehen, aus dem der zu untersuchende Bauteil hergestellt ist. An dieser Stelle ist von vornherein eine wesentliche Bemerkung zu machen. Die wirklichen Werkstoffe haben in den meisten Fällen wegen ihres Aufbaus aus kleinen Kristallen eine körnige Struktur; sie sind aus diskreten Elementen aufgebaut. Der Rechnung dagegen wird stets ein kontinuierliches Modell zugrunde gelegt, da sonst die Aufstellung partieller Differentialgleichungen für die gesuchten Größen nicht möglich ist. Über die hier auftretenden Fragen soll später noch einiges gesagt werden.

Das einfachste Werkstoffmodell ist der starre Körper, der unter der Wirkung der eingeprägten, der Reaktions- und der Trägheitskräfte seine Form nicht verändert. Dieses Modell genügt z. B. zur Untersuchung der Kreiselbewegung, falls man sich für die Festigkeit dieses rasch rotierenden Körpers nicht interessiert. Die Bewegung des symmetrischen Kreisels läßt sich durch elliptische Funktionen darstellen, während die Untersuchung des unsymmetrischen im allgemeinen auf Funktionen führt, die nicht tabelliert sind. Da es sich um die Lösung von Anfangswertproblemen nichtlinearer gewöhnlicher Differentialgleichungen handelt, kann man die Kreiselbewegung auch mit Hilfe von Analogrechnern behandeln, falls man sich mit der Genauigkeit begnügen kann, die mit solchen Geräten erreichbar ist.

Für Probleme, die auf Systeme nichtlinearer gewöhnlicher Differentialgleichungen führen, existiert eine weit ausgebaute mathematische Theorie. Als besonders fruchtbar haben sich hier topologische Betrachtungen im Phasenraum erwiesen. Man ordnet den Koordinaten $q_k(t)$ und den Impulsen $p_k(t)$ des Systems einen Punkt im $2n$-dimensionalen Phasenraum zu und untersucht die Bahn dieses Punktes. Man kann z. B. fragen, ob er für alle Zeiten innerhalb eines beschränkten Gebietes dieses Raumes bleibt. Auf diese Weise lassen sich u. a. Fragen nach periodischen Lösungen und nach der Stabilität der Bewegung beantworten. Statt des $2n$-dimensionalen Raumes kann man auch n-Ebenen E_k verwenden und in jeder Ebene die Koordinaten $q_k(t)$ und $p_k(t)$ benutzen.

Historisch ist zu bemerken, daß sich diese Verfahren aus Untersuchungen über das klassische nichtlineare Problem der Punktmechanik entwickelten. Es ist dies das berühmte Dreikörperproblem, dem H. Poincaré mehrere Arbeiten und seine berühmten Werke „Les méthodes nouvelles de la mécanique céleste" und „Leçons sur la mécanique céleste" widmete. Diese Untersuchungen aus der Himmelsmechanik, die im vorigen Jahrhundert den Hauptgegenstand der angewandten Mathematik bildete, waren dann Anlaß zu Poincarés topologischen Arbeiten, die die heutige Blüte dieses zentralen Gebietes der reinen Mathematik einleiteten. Es liegt hier wieder eines der vielen Beispiele für die gegenseitige Befruchtung von reiner und „anwendbarer" Mathematik vor.

Untersuchungen über Systeme von gewöhnlichen linearen oder nichtlinearen Differentialgleichungen spielen in der Lehre von den Schwingungen mit endlich vielen Freiheitsgraden und in der Regeltheorie eine große Rolle. Fragen nach der Stabilität und nach dem Verhalten der Systeme für große Werte der Zeit (Asymptotik) stehen hier im Vordergrund. Insbesondere interessiert man sich dafür, was sich aus dem Charakter der Lösungen des linearisierten Systems für das wirkliche nichtlineare schließen läßt. In manchen Fällen (kleine Nichtlinearitäten) führt die Störungsrechnung zum Ziel. Von besonderer Bedeutung haben sich die Untersuchungen von Ljapunow erwiesen, der schon vor mehr als fünfzig Jahren eine sehr allgemeine Stabilitätstheorie aufstellte.

Das wichtigste Modell, das in der Mechanik des festen Körpers benutzt wird, ist der sog. Hookesche oder ideal elastische Körper. Er ist durch den linearen Zusammenhang zwischen dem Spannungs- und dem Deformationstensor definiert. In der klassischen Elastizitätstheorie beschränkt man sich auf die Untersuchung kleiner Verformungen, wie sie z. B. bei nicht zu dünnwandigen Stahlkonstruktionen auftreten. Man kann in diesem Fall die Gleichgewichtsbedingungen (bei kinetischen Problemen unter Beachtung der Trägheitskräfte) am unverformten Element aufstellen. Da der Deformationstensor bei kleinen Verzerrungen in guter Näherung durch seine linearen Glieder ersetzt werden kann, wird die gesamte Theorie linear und kann z. B. auf die Aufgabe zurückgeführt werden, das System der partiellen Differentialgleichungen für den Verschiebungsvektor unter Beachtung der Randbedingungen zu lösen. Führt man in geeigneter Weise Spannungsfunktionen ein, wie das z. B. Maxwell, Boussinesq, Neuber und Papkowitsch getan haben, so zeigt es sich, daß die statischen Probleme der Elastizitätstheorie im wesentlichen räumliche Potentialprobleme sind. Bei der tatsächlichen Lösung konkreter Aufgaben stößt man allerdings auf sehr große Schwierigkeiten. So führt z. B. schon das wohl zuerst von Lamé gestellte Problem, den Spannungs- und Verschiebungszustand in einem beliebig belasteten Quader zu bestimmen, auf nicht tabellierte Funktionen. Aus diesem Grunde hat man sich schon frühzeitig gewissen Spezialisierungen zugewandt. Diese Spezialfälle sind z. T. strenge Lösungen im Sinne der Elastizitätslehre, wie z. B. die Torsionstheorie von St. Venant und die Theorie des ebenen Verzerrungszustandes, teilweise sind es Näherungslösungen. Besonders wichtig ist hier die Theorie des ebenen Spannungszustandes, die Platten- und die Schalentheorie. In den letzten Jahren gelang es auch, diese Näherungstheorien durch Grenzübergänge aus der räumlichen Theorie abzuleiten.

In vielen Fällen interessiert man sich in der Festigkeitslehre nicht für den gesamten Spannungszustand in einem Bauteil, sondern nur für den in der Umgebung besonders wichtiger Stellen (Kerben, Querschnittsübergänge, Krafteinleitungsstellen usw.). Dieser Tatsache trägt die Kerbspannungslehre Rechnung, die insbesondere von NEUBERT und SAWIN ausgebaut wurde. Die Ergebnisse dieser Theorie müßten dem Konstrukteur heute in Fleisch und Blut übergegangen sein. Leider kommt es aber immer wieder vor, daß Bauteile durch einen Dauerbruch zerstört werden, der von einer zu scharf ausgebildeten Kerbe ausging. Und dies, obwohl A. THUM schon vor dreißig Jahren auf die Gefahren der Kerbwirkung im allgemeinsten Sinne hinwies.

Ursprünglich wurde die Theorie der elastischen Platte von KIRCHHOFF aus gewissen Annahmen über die Verformung der Mittelfläche abgeleitet, die schließlich die Gestalt der Verzerrungsenergie bestimmen. Aus ihr ergeben sich mit Hilfe des Prinzips der virtuellen Verschiebungen oder (beim kinetischen Problem) des Prinzips von HAMILTON die Differentialgleichungen für die Verschiebung der Plattenmittelfläche und z. B. die beiden Randbedingungen an einem freien Rand. In Wirklichkeit müßten hier drei Bedingungen erfüllt sein, da das Biegemoment, das Torsionsmoment und die Querkraft verschwinden müßten. In der KIRCHHOFFschen Theorie ersetzt man nach THOMSON und TAIT die Torsionsmomente durch das statisch gleichwertige Moment von Ersatzscherkräften, die mit den eigentlichen Querkräften zu einer Resultierenden zusammengefaßt werden. Man hat so die Zahl der Randbedingungen von drei auf zwei reduziert.

Eine genauere Theorie, die auf ein Problem der sechsten Ordnung führt und die Erfüllung von drei Randbedingungen gestattet, wurde etwa ab 1944 u. a. von E. REISSNER, G. HAMEL und A. KROMM aufgestellt. An den bis jetzt gerechneten Beispielen hat es sich gezeigt, daß die Abweichungen von der KIRCHHOFFschen Theorie im allgemeinen gering sind. Bei der Berechnung biegesteifer Schalen tritt ein ähnliches Problem auf; eine Lösung wurde vor einigen Jahren von E. WEINEL in einem Vortrag vor der Berliner Mathematischen Gesellschaft gegeben.

Bei Scheiben- und Plattenproblemen handelt es sich stets darum, Lösungen der Bipotentialgleichung zu finden, die bestimmte Randbedingungen erfüllen. Zur Lösung dieser Aufgabe wurden im wesentlichen folgende Wege eingeschlagen. Es ist naheliegend, von Partikularlösungen in Form von Polynomen, Kreis- und Hyperbelfunktionen auszugehen und die Randbedingungen durch Superposition zu erfüllen. Diese Methode, die besonders von Bauingenieuren weit ausgebaut wurde und z. B. in dem Werk von GIRKMANN über Flächentragwerke dargestellt ist, führt auf eine Darstellung der Lösung durch Reihen, die für die Durchbiegung bzw. Spannungsfunktion meist recht gut, für die Spannungen bzw. die Momente jedoch schon schlechter konvergieren; noch unzureichender ist meist die Darstellung der Querkräfte. Für den Mathematiker erhebt sich hier die noch wenig behandelte Frage, die Konvergenz dieser Reihen zu verbessern.

Von E. GOURSAT wurde Ende des vorigen Jahrhunderts der enge Zusammenhang der Bipotentialfunktionen mit den Potentialen und damit mit der Theorie der Funktionen einer komplexen Veränderlichen gefunden. Für die Behandlung ebener Probleme aus der Elastizitätstheorie wurde dieser Zusammenhang u. a. von L. FÖPPL, KOLOSSOW und MUSCHELISHWILI ausgenutzt. Als mathematische Methoden wurden konforme Abbildungen und singuläre Integralgleichungen benutzt. Bis jetzt wurden diese Verfahren meist auf verhältnismäßig einfach berandete Bereiche (u. a. Halbebene, Kreisring und Ellipse) angewandt. Benutzt man die konforme Abbildung, so stößt man bei der Untersuchung komplizierterer Ränder auf die bekannten numerischen Schwierigkeiten, die sich bei der Behandlung solcher Probleme einstellen. Ein weiterer Ausbau dieses Forschungsgebietes, das jetzt durch mehrere Monographien leichter zugänglich geworden ist, wäre sehr zu begrüßen.

Bei speziellen Scheiben- und Plattenproblemen hat sich der Übergang von der Differential- zu der Differenzengleichung zur näherungsweisen Lösung als sehr brauchbar erwiesen. Man erhält lineare Gleichungssysteme für die gesuchten Größen in den Gitterpunkten, die z. B. mit Digitalrechnern gelöst werden können. Um die Zahl der linearen Gleichungen nicht allzusehr anschwellen zu lassen, ist es unter Umständen zweckmäßig, die Differentialquotienten durch endliche Ausdrücke anzunähern, die beim Grenzübergang zur Maschenweite Null von möglichst hoher Ordnung konvergieren. Dies ist z. B. bei dem Mehrstellenverfahren von L. COLLATZ der Fall, das von ZURMÜHL auf Plattenprobleme angewandt wurde.

Ein sehr brauchbares Näherungsverfahren zur Behandlung von Randwertproblemen partieller Differentialgleichungen ist das von RITZ und GALERKIN angegebene. Meistens benutzt man es in der Weise, daß man für die gesuchte Funktion (in dem hier betrachteten Fall die Durchbiegung der Plattenmittelfläche oder die Spannungsfunktion) einen Ansatz macht, der z. B. aus Polynomen oder trigonometrischen Funktionen besteht und die Randbedingungen erfüllt. Die Freiwerte bestimmt man entweder nach RITZ aus einer Minimalforderung oder nach GALERKIN aus gewissen Orthogonalitätsbedingungen. Von KANTOROWITSCH wurde das Verfahren nun so abgewandelt, daß gewisse Funktionen von einer Veränderlichen gesucht werden. Die Bestimmungsgleichungen, die jetzt die Gestalt von gekoppelten Systemen gewöhnlicher Differentialgleichungen annehmen, ergeben sich aus Orthogonalitätsbedingungen. Diese Methode läßt sich z. B. auf Probleme anwenden, bei denen der Separationsansatz von BERNOULLI versagt. Mein Mitarbeiter, Dr.-Ing. H. GÖLDNER, hat sie in seiner Dissertation auf eine Reihe von Plattenproblemen (u. a. Trapezplatte und schiefe Platte) angewandt und dabei sehr gute Erfolge erzielt. Schon der Ansatz mit einer gesuchten Funktion ergibt gute Resultate, die beim Übergang zu zwei Funktionen wesentlich verbessert wurden. Als Kriterium für die Güte der Näherung wurde entweder der Grad der Übereinstimmung mit bekannten Lösungen oder das Erfülltsein der partiellen Differentialgleichung der Platte benutzt.

Geht man von dem der Randwertaufgabe zugeordneten Variationsproblem aus, so kann man auch hier Ansätze machen, die statt freier Konstanten freie Funktionen von einer Variablen enthalten. Die Minimalforderung gibt dann für diese Funktionen Systeme gewöhnlicher Differentialgleichungen und z. B. bei freien Rändern die zugehörigen Randbedingungen. Die Methode wurde von MARTIN auf die Berechnung der Eigenschwingungen einer rechteckigen Kragplatte angewandt; in etwas abgeänderter Form habe ich die Methode im dritten Bändchen meiner Einführung in die Berechnung mechanischer Schwingungen dargestellt.

Die genaueren Plattentheorien von E. REISSNER und anderen laufen im wesentlichen darauf hinaus, den Einfluß der Schubspannungen auf die Verformung zu berücksichtigen. Für den schwingenden Balken wurde diese Verbesserung schon im Jahre 1921 von S. TIMOSCHENKO angegeben. Sie beeinflußt insbesondere die Oberschwingungen sehr erheblich; sie wachsen nur linear mit der Ordnungszahl an, während aus der elementaren Theorie ein quadratisches Anwachsen folgt. Da nun bei Einschalt- und Stoßvorgängen die Oberschwingungen eine wesentliche Rolle spielen, muß man bei der Theorie dieser Erscheinungen die Schubverformung berücksichtigen, falls man Ergebnisse erhalten will, die mit der Wirklichkeit übereinstimmen. Dasselbe gilt auch für die entsprechenden kinetischen Plattenprobleme.

Die klassische lineare Elastizitätstheorie, deren Grundlagen im wesentlichen von CAUCHY, ST. VENANT, KIRCHHOFF und CLEBSCH gelegt wurden und die in dem berühmten Lehrbuch von LOVE zusammengefaßt ist, kann nach zwei Richtungen hin erweitert werden. Man kann zunächst die Beschränkung auf kleine Verzerrungen (Dehnungen und Winkelveränderungen) beibehalten und das allgemeine lineare HOOKEsche Gesetz durch ein nichtlineares Stoffgesetz ersetzen. Man spricht in diesem Fall von einer physikalisch nichtlinearen Elastizitätstheorie; mit ihr läßt sich z. B. das Verhalten mancher Nichteisenmetalle erfassen. Ansätze in dieser Richtung stammen u. a. von KAUDERER, der sie im ersten Teil seines Werkes über nichtlineare Mechanik zusammengestellt hat. Bei den bis jetzt durchgerechneten Beispielen hat sich gezeigt, daß die größten Spannungen in diesem Fall niedriger liegen als bei Gültigkeit des allgemeinen HOOKEschen Gesetzes. Dieses Ergebnis ist der Tatsache analog, daß bei erzwungenen Schwingungen von Systemen mit nichtlinearen Federn die Ausschläge kleiner bleiben als bei Verwendung von Federn mit linearer Charakteristik. Es ist also zu vermuten, daß man die Spannungen überschätzt, wenn der Rechnung das HOOKEsche Gesetz zugrunde gelegt wird. Ein allgemeiner Beweis dieser Vermutung wäre sehr zu begrüßen.

Eine geometrisch nichtlineare Elastizitätstheorie erhält man, wenn die Beschränkung auf kleine Verformungen fallen gelassen wird. Man muß jetzt die Gleichgewichtsbedingungen am verformten Volumelement aufstellen und im Verzerrungstensor die nichtlinearen Glieder berücksichtigen. Die Anfänge der Theorie gehen bis ins vorige Jahrhundert zurück (CAUCHY, FINGER und andere); wesentliche Fortschritte wurden jedoch erst erzielt, nachdem man mit der Tensorrechnung bzw. dem RICCI-Kalkül eine Methode in der Hand hatte, mit deren Hilfe Betrachtungen aus der Kontinuumsmechanik in beliebigen krummlinigen Koordinatensystemen übersichtlich durchgeführt werden können. An der Entwicklung im 20. Jahrhundert waren u. a. E. TREFFTZ, G. HAMEL, R. KAPPUS, K. MARGUERRE. A. KROMM und in der neuesten Zeit besonders RIVLIN, GREEN, ADKINS, MURNAGHAN und andere beteiligt. Da diese nichtlineare Theorie zu sehr komplizierten mathematischen Problemen führt, ist es begreiflich, daß bis jetzt nur wenige konkrete Fälle durchgerechnet werden konnten. Man geht hier meistens so vor, daß man von dem verformten Körper ausgeht und nach den Kräften fragt, die diese Deformation hervorgerufen haben. RIVLIN bemerkte wohl als erster, daß sich wesentliche Vereinfachungen ergeben, wenn man annimmt, daß der verformte Körper aus einem inkompressiblen Werkstoff hergestellt ist. Ein solcher Werkstoff ist z. B. Gummi, und für ihn wurden von RIVLIN und anderen einige nichtlineare Probleme gelöst.

Schließlich sei noch darauf hingewiesen, daß die nichtlineare Theorie für das spezielle Problem der Plattenbiegung schon vor der Aufstellung der allgemeinen nichtlinearen Elastizitätstheorie von TH. V. KÁRMÁN angegeben wurde.

Bei metallischen Bauteilen spielt die nichtlineare Elastizitätstheorie ihre Hauptrolle bei dünnwandigen Konstruktionen, und zwar insbesondere bei der Knick- und Beultheorie. Bei einigermaßen dickwandigen Konstruktionen sind große Verformungen stets mit bleibenden verbunden. Treten solche bleibenden Verformungen auf, so verliert die Elastizitätstheorie ihre Gültigkeit, da in ihr vorausgesetzt wird, daß die Verformungen bei Entlastung verschwinden.

Will man Verformungs- und Spannungszustände in festen Körpern beim Auftreten bleibender Verformungen untersuchen, so muß man der Betrachtung ein neues Modell zugrunde legen. Einen Hinweis, wie dies zu geschehen hat, gibt der an einem Prüfstab aus Stahl durchgeführte Zugversuch. Solange die Belastung die Streckgrenze noch nicht erreicht hat, besteht zwischen Spannung und Dehnung ein linearer Zusammenhang, und die Dehnung verschwindet bei völliger Entlastung; es gilt das HOOKEsche Gesetz. Überschreitet die Belastung die Streckgrenze, so beginnt der Stab zu fließen. Die vollständige Spannungs-

Dehnungskurve kann nach zwei Richtungen idealisiert werden. Man kann einmal annehmen, daß der Stab nach Überschreiten der Streckgrenze bei konstanter Spannung fließt. Man spricht dann von einem Stab aus ideal plastischem Werkstoff. Berücksichtigt man die Tatsache, daß die Spannung auch nach Überschreiten der Streckgrenze noch ansteigt, so kann das Verhalten des Stabes durch eine lineare Verfestigung angenähert werden. Es handelt sich nun darum, das aus dem Zugversuch am Prüfstab abstrahierte Fließgesetz auf mehrachsige Spannungszustände zu erweitern. Schon vor fast hundert Jahren hat TRESCA vorgeschlagen, als Maß für die Beanspruchung die größte Schubspannung einzuführen. Erreicht sie einen vom Werkstoff abhängenden Grenzwert, so beginnt das Fließen; die Plastizitätsgrenze ist erreicht. Auf dieser Grundlage wurden von ST. VENANT und LÉVY vor etwa 90 Jahren die ersten Ansätze auf dem Gebiet der Plastizitätstheorie gemacht, die jedoch von anderen Forschern zunächst nicht weiter verfolgt wurden. Neuen Antrieb erhielt die Entwicklung durch eine grundlegende Arbeit von R. v. MISES, in der eine neue Plastizitätsbedingung aufgestellt wurde, die auf den Invarianten des Spannungstensors beruht und die bei der mathematischen Behandlung spezieller Probleme oft leichter zu handhaben ist als die Bedingung von TRESCA. Benutzt man den Begriff der Gestaltsänderungsarbeit, so sagt die MISESsche Fließbedingung aus, daß die Plastizitätsgrenze dann erreicht ist, wenn diese eine bestimmte Grenze erreicht hat. Dies hat H. HENCKY gezeigt.

Außer der Fließbedingung braucht man in der Plastizitätstheorie noch das Stoffgesetz, d. h. den Zusammenhang zwischen den Spannungen und Verzerrungen bzw. ihren zeitlichen Änderungen. Zwei Stoffgesetze haben besondere Bedeutung erlangt. Zunächst schlugen ST. VENANT, LÉVY und R. v. MISES in ihren grundlegenden Arbeiten einen linearen Zusammenhang zwischen den zeitlichen Änderungen des Verzerrungsdeviators und dem Spannungsdeviator vor. Dieser Ansatz, der von L. PRANDTL und E. REUSS durch Berücksichtigung der elastischen Verformungen erweitert wurde, hat sich bei der Behandlung spezieller Probleme gut bewährt. H. HENCKY schlug ein anderes Stoffgesetz vor, das die Dehnungen selbst mit dem Spannungsdeviator in Verbindung setzt. Dieses Stoffgesetz, das zu mathematisch leichter zu behandelnden Fragestellungen führt, läßt sich mit gutem Erfolg auf Verformungsvorgänge anwenden, bei denen keine Entlastungen auftreten; kommen solche vor, so versagt der Ansatz von HENCKY.

Die Plastizitätstheorie kann zunächst auf eindimensionale Probleme angewandt werden, d. h. auf Stäbe, die auf Zug, Druck oder Biegung beansprucht werden. Zu diesen Untersuchungen, die besonders für den Bauingenieur von Interesse sind, gehört z. B. die Theorie des plastischen Knickens von ENGESSER, KÁRMÁN und SHANLEY, ferner das sogenannte Traglastverfahren. Dieses setzt sich zum Ziel, die tatsächliche Tragfähigkeit einer Stahlkonstruktion zu ermitteln, nachdem an einer Stelle die Fließgrenze erreicht ist. So ist

z. B. in einem hochgradig statisch unbestimmten System die Tragfähigkeit erst dann erschöpft, wenn sich so viele Fließgelenke ausgebildet haben, daß ein stabiler Gleichgewichtszustand nicht mehr möglich ist.

Bei manchen dieser Probleme ist es zweckmäßig, die Fragestellung umzukehren; man ermittelt nicht die Gestalt der elastischen und der plastischen Gebiete aus der Belastung, sondern man gibt deren Gestalt vor und sucht die zugehörige Belastung. Auf diese Weise gelang z. B. meinem Mitarbeiter J. Wölfel die Lösung des elastisch-plastischen Problems für den stark gekrümmten Stab.

Lassen sich solche elastisch-plastischen Probleme nicht mit eindimensionalen Methoden behandeln, sondern führen sie auf partielle Differentialgleichungen, so ergeben sich sehr schwer zu lösende Aufgaben. Dies kann man sich am folgenden Beispiel klarmachen. Wir betrachten einen auf Zug beanspruchten Rundstab mit Ringkerbe. Ist die Fließgrenze im Kerbgrund noch nicht erreicht, so stellt sich in dem Stab ein drehsymmetrischer Spannungszustand ein, dessen genaue Ermittlung bereits keine leichte Aufgabe ist. Steigert man die Belastung, so entsteht vom Kerbgrund ausgehend eine plastische Zone, deren Begrenzung von vornherein nicht bekannt ist; man weiß nur, daß auf der Grenzfläche die Fließbedingung gilt und daß gewisse Stetigkeitsbedingungen für die Spannungen und Verformungen erfüllt sein müssen. Im elastischen Bereich gelten die Grundgleichungen der Elastizitätstheorie, im plastischen die der Plastizitätstheorie. Es handelt sich hier also um ein Problem mit einem freien Rand, dessen Gestalt aus den Daten der Aufgabe mitbestimmt werden muß. Solche Probleme sind auch in der Strömungslehre schwer zu lösen. Bei elastisch-plastischen Problemen kommt noch hinzu, daß die Differentialgleichungen im elastischen Bereich elliptischen, im plastischen hyperbolischen Charakter haben. Es ist deshalb nicht verwunderlich, daß bis jetzt nur wenige elastisch-plastische Probleme vollständig gelöst sind.

Recht eingehend wurde der ebene Formänderungszustand für völlig plastische Stoffe untersucht. Die Vorgänge werden im ganzen Bereich durch hyperbolische Differentialgleichungen beherrscht, so daß die Charakteristikentheorie in vollem Umfang auf solche Probleme angewandt werden kann. Diese Untersuchungen sind für die rechnerische Behandlung technologischer Umformungsprozesse (Walzen, Ziehen, Pressen, Biegen usw.) von Bedeutung. Eine zusammenfassende Darstellung vom Standpunkt der Plastizitätstheorie wäre sehr zu begrüßen.

Die Elastizitätstheorie und die Theorie der ideal plastischen Körper sind die Teile der Mechanik der festen Kontinua, die bis jetzt am eingehendsten behandelt worden sind. Neue Probleme tauchen auf, wenn man sich dem Verhalten der Werkstoffe bei hohen Temperaturen (Kriecherscheinungen) oder dem Verhalten der Kunststoffe zuwendet, falls diese als tragende Teile verwendet werden. Ganz allgemein lautet jetzt die Frage: Welche Zusammenhänge zwischen den Tensoren der Spannung, der Verzerrung und ihren seitlichen Ableitungen sind auf Grund allgemeiner physikalischer (z. B. thermodynamischer) Gesetze überhaupt möglich? Ansätze zur Beantwortung dieser Frage wurden u. a. von W. NOLL gemacht.

Schon am Anfang dieses Beitrages wurde betont, daß alle Modelle, die zur Beschreibung des Verhaltens fester Körper bei Beanspruchung durch äußere Kräfte aufgestellt wurden, phänomenologischen Charakter haben. Vom tatsächlichen Aufbau der Festkörper aus Mikrokristallen oder anderen Molekülstrukturen wird abgesehen. In der Physik des festen Körpers spielt nun gerade diese Mikrostruktur eine ausschlaggebende Rolle. Bis vor rund 10 Jahren klaffte zwischen diesen Betrachtungsweisen eine große Lücke, die inzwischen z. T. ausgefüllt werden konnte. BILBY, ESHELBY und anderen gelang es, den für die Festkörperphysik grundlegenden Begriff der Versetzung mit Mitteln der Kontinuumsmechanik zu fassen und so eine erste Brücke zwischen den bisher getrennten Gebieten zu schlagen. Es zeigte sich, daß man den Realkörper mit seinen Versetzungen und Eigenspannungen als einen Raum mit Torsion auffassen kann, in dem eine nichteuklidische Geometrie nach E. CARTAN gilt. Es ergeben sich auch interessante Zusammenhänge mit der allgemeinen Relativitätstheorie, auf die z. B. E. KRÖNER hingewiesen hat. Die mathematische Formulierung der Theorie wird kompliziert, da z. B. der Spannungstensor nicht mehr symmetrisch wird und auch die Verträglichkeitsbedingungen, die in der Elastizitätstheorie zwischen den Verzerrungsgrößen bestehen, ungültig werden. Die ersten Ansätze zu solch einer verallgemeinerten Theorie finden sich schon in dem 1909 erschienenen Buch von E. und F. COSSERAT über die Theorie der deformierbaren Körper; der Zusammenhang mit der heutigen Entwicklung wurde 1958 von W. GÜNTHER erkannt. Es handelt sich bei diesen Untersuchungen um Grundlagenprobleme, die jedoch wahrscheinlich auch für die Praxis Bedeutung erlangen werden.

Zum Abschluß dieser Betrachtungen über die Anwendung mathematischer Methoden in der Mechanik der festen Körper will ich noch einige Worte über spezielle Probleme sagen, die in den letzten Jahren am Lehrstuhl für Festigkeitslehre und Schwingungsforschung der Technischen Universität Dresden bearbeitet wurden. In der Kinematik untersucht man das Geschwindigkeits- und Beschleunigungsfeld allgemein unter der Voraussetzung, daß die Getriebeteile starr sind; auch werden die Probleme meistens zeichnerisch behandelt. Bei hohen Drehzahlen muß man unter Umständen die Schwingungen der Bauteile in Betracht ziehen. Wegen der zeitlichen Veränderlichkeit der elastischen Rückstellkräfte der Getriebeteile treten rheolineare Schwingungen auf. Sie wurden für das Viergelenkgetriebe von H. DRESIG und für den etwas anders gelagerten Fall eines Webstuhles von H. KULOW in ihren Diplomarbeiten untersucht. Die kritischen Drehzahlbereiche liegen im Fall des Webstuhles noch erheblich höher als die heute üblichen Geschwindigkeiten. Beim Viergelenkgetriebe ist es zunächst notwendig, die die Schwingungsvorgänge beeinflussenden Größen in FOURIER-Reihen zu entwickeln. Dipl.-Ing. DRESIG gelang es in Zusammenarbeit mit Dipl.-Math. HAUBNER, die Konvergenz der auftretenden Reihen zu beweisen. Mein Kollege N. J. LEHMANN, Direktor des Instituts für maschinelle Rechentechnik der Technischen Universität Dresden, hat sich freundlicherweise bereit erklärt, die umfangreichen Rechnungen, die für das Viergelenkgetriebe notwendig sind, auf dem Dresdner Rechenautomaten durchführen zu lassen. Es zeigt sich, daß die rheolinearen Erscheinungen beim Viergelenkgetriebe unter Umständen von Bedeutung sein können. An einem Modell untersuchte Fräulein DSHANG SHU-JING diese Schwingungen experimentell mit Hilfe von Dehnungsmeßstreifen, wobei sich ein starker Einfluß der Schwingungen auf die Beanspruchung des Getriebes ergab.

Verschiedene Diplomanden befaßten sich in ihren Arbeiten mit Fragen der Elastizitätstheorie. So untersuchte Dipl.-Ing. K. MATTHIAS den Spannungs- und Verformungszustand in einer Kugel und befaßte sich anschließend mit der Berechnung der Kugeldrehverbindungen, die im Kranbau eine große Rolle spielen. Ferner sind hier Arbeiten von Dipl.-Ing. NAUBEREIT und H. J. NEUGEBAUER über Zylinder- und Kugelschalen mit Abzweigstutzen zu nennen, deren Ergebnisse z. B. für den Reaktorbau von Interesse sind. Hier sind auch die Untersuchungen von Dipl.-Ing. S. SÄHN über die Berechnung der Federungszahlen (Querstifte) von Verbindungselementen zu nennen.

Im Dampfturbinenbau spielt die Berechnung der kritischen Drehzahlen eine große Rolle; es zeigen sich immer wieder erhebliche Abweichungen zwischen den gemessenen und den berechneten Werten. Dies liegt wahrscheinlich daran, daß bei der Berechnung die sogenannten Nebeneinflüsse wie Lagerelastizität, Wirkung des Ölfilms, Rolle des Fundaments usw. im allgemeinen vernachlässigt werden. In Zusammenarbeit mit dem VEB Bergmann Borsig, Berlin, und dem VEB Forschungs- und Versuchsanstalt für Strömungsmaschinen, Dresden, soll nun dieser ganze Fragenkomplex systematisch untersucht werden. Hoffentlich wird in absehbarer Zeit mehr Klarheit über die hier auftretenden Probleme herrschen als bisher.

Literatur

1. Elastizitätstheorie

Die vollständigste Darstellung der klassischen Elastizitätstheorie ist immer noch die von A. E. H. LOVE gegebene (A Treatise on the Mathematical Theory of Elasticity, Fourth Edition, Cambridge University Press 1927). Über die neuere Entwicklung kann man sich aus folgenden Monographien und Berichten orientieren:

[1] GREEN, A. E., u. ZERNA, W., Theoretical Elasticity. Clarendon Press, Oxford 1954.

[2] MUSCHELISCHWILI, N. J., Some basic Problems in the Theory of Elasticity. P. Noordhoff, Groningen 1953.

[3] Babuška, I., Rektorys, K., u. Vyčichlo, F., Mathematische Elastizitätstheorie der ebenen Probleme. Akademie-Verlag, Berlin 1960.
[4] Milne-Thomson, L. M., Plane Elastic Systems. Ergebn. Angewandt. Mathem. (1960) H. 6.
[5] Green, A. E., u. Adkins, J. E., Large Elastic Deformations and Nonlinear Continuum Mechanics. Clarendon Press, Oxford 1960.
[6] Adkins, J. E., Large Elastic Deformations. Progress in Solid Mechanics, Vol. II. North-Holland Publishing Company, 1961.

2. Plastizitätstheorie

[7] Hill, R., Mathematical Theory of Plasticity. Oxford University Press, 1950.
[8] Prager, W., u. Hodge, P. G., Theorie der ideal plastischen Körper. Springer-Verlag, Wien 1954.
[9] Sokolowskij, V. V., Theorie der Plastizität. VEB Verlag Technik, Berlin 1955.
[10] Flügge, S. (Herausgeber), Handbuch der Physik, Bd. VI. Springer-Verlag, Berlin.

3. Neuere Entwicklung der Kontinuumstheorie der festen Körper

[11] Kröner, E., Kontinuumstheorie der Eigenspannungen und Versetzungen. Ergebn. Angewandt. Mathem. (1958) H. 5.
[12] Bilby, B. A., Continuous Distributions of Dislocations. Progress in Solid Mechanics, Vol. I. North-Holland Publishing Company, 1960.

Dipl.-Math. Gunter Schwarze
Institut für Regelungstechnik, Berlin

DIE BEDEUTUNG DER MATHEMATIK FÜR DIE AUTOMATISIERUNGSTECHNIK

Einführung

Mathematische Methoden finden in technische Disziplinen Eingang, wenn diese, aus der Empirie heraustretend, einen gewissen Abstraktheitsgrad erreicht haben, auf dessen Boden allgemeine theoretische Grundlagen entwickelt werden. Man abstrahiert von einzelnen Ergebnissen das wesentliche und rückt die erkannten Gesetzmäßigkeiten in den Vordergrund der Betrachtung. Auf dieser Stufe können dann mathematische Methoden zur Darstellung (Formelsprache) und zur Beweisführung (Zusammenhang zwischen mathematischen Formeln) herangezogen werden. Dabei werden stets bewußt oder auch unbewußt die Methoden der mathematischen Logik, die ihrerseits ein Teil der Logik als philosophische Kategorie ist, angewendet. Neben diesen Grundlagen der Mathematik finden je nach der speziellen Fragestellung bestimmte mathematische Kalküle bzw. Algorithmen oder ganze Theorien Anwendung.

Die Automatisierungstechnik ist eine Querschnittsdisziplin. Bedingt durch Geräte und deren Einsatz in Anlagen finden wir in ihr praktisch sehr viele Fragestellungen aus den einzelnen technischen Disziplinen. Will man nicht in einer Fülle einzelner Aussagen untergehen, so muß eine solche Beschreibung des grundsätzlichen Verhaltens gegeben werden, die das Gemeinsame und Wesentliche voll erfaßt. Für die Automatisierungstechnik ist charakteristisch, daß stets bestimmte beabsichtigte Wirkungen erzielt werden, die sich entlang von Wirkungswegen fortpflanzen und durch Signale eindeutig beschrieben werden. Klar voneinander abgegrenzte Teile des Wirkungsweges werden dabei als Glieder bezeichnet. Nach der gerätemäßigen Betrachtungsweise spricht man von Baugliedern und nach der signalmäßigen Betrachtungsweise von Signalübertragungsgliedern bzw. Übertragungsgliedern schlechthin. Für die folgende Darstellung genügt es, sich auf Übertragungsglieder mit einem Eingang und einem Ausgang zu beschränken. Wir unterscheiden das Eingangssignal $x_e(t)$ und das Ausgangssignal $x_a(t)$ (Abb. 1). Ein solches Glied ist insofern mit einem Richtungssinn versehen, als die Wirkung stets vom Eingang

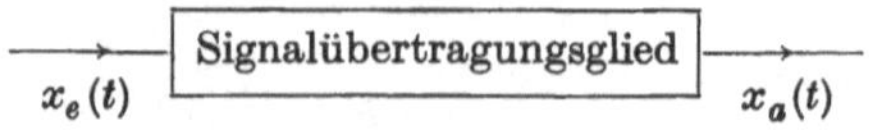

Abb. 1. Symbolische Darstellung von Gliedern

Tabelle 1. Grundtypen der Glieder der Automatisierungstechnik

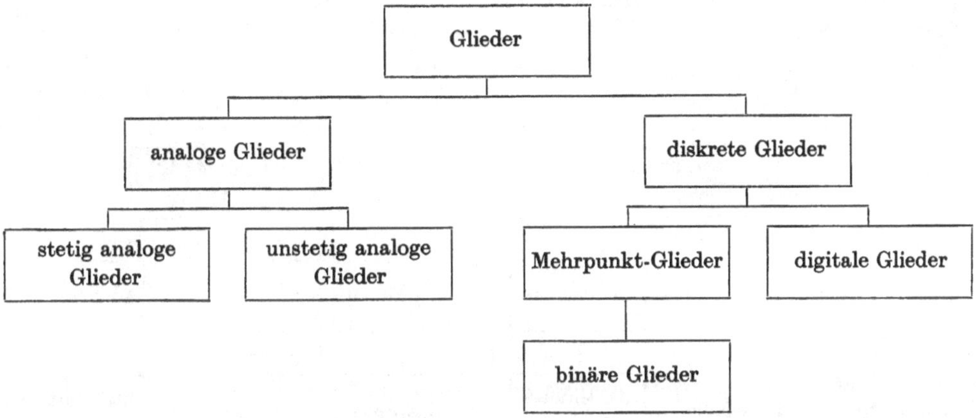

zum Ausgang geht. $x_a(t)$ ist dabei eindeutig durch $x_e(t)$ bestimmt. Entsprechend den Typen der Signale können wir die in Tab. 1* angegebenen Glieder unterscheiden [1, 2]. Danach sind Thermoelemente stetige analoge Glieder. Jeder Impulsbreitenmodulator ist ein unstetiges analoges Glied. Ferritkerne stellen, betrachtet man allein ihre beiden Magnetisierungszustände, Glieder mit binärem Verhalten dar, während ein Digital-Analog-Wandler ein digitales Glied ist.

Die Glieder sind mit Hilfe der Eingangs- und Ausgangssignale eindeutig charakterisierbar. Damit ist eine allgemeine Theorie in der Automatisierungstechnik möglich.

Die soeben eingeführten Glieder werden nunmehr durch bestimmte mathematische Beziehungen zwischen den Eingangssignalen und den Ausgangssignalen beschrieben. Gilt dabei das Superpositionsprinzip, so heißen die Glieder linear, andernfalls nichtlinear. Zu den Gleichungen selbst gehören:

algebraische und transzendente Gleichungen,
gewöhnliche und partielle Differentialgleichungen
(auch mit retardiertem Argument),
Integralgleichungen,
Differenzengleichungen,
Aussagenkalkül der mathematischen Logik.

Die Gleichungen als solche können nichtlinear, rheolinear oder linear im engeren Sinne sein. Von den mathematischen Hilfsmitteln und Methoden zur exakten und näherungsweisen Lösung der angegebenen Gleichungen, z. B. bei speziellen Integraltransformationen, werden in der Technik diejenigen bevor-

* Statt der Worte „stetig" und „unstetig" werden auch die Bezeichnungen „kontinuierlich" und „diskontinuierlich" verwendet.

Tabelle 2. Charakterisierung linearer und nichtlinearer analoger Glieder durch spezielle mathematische Gleichungen

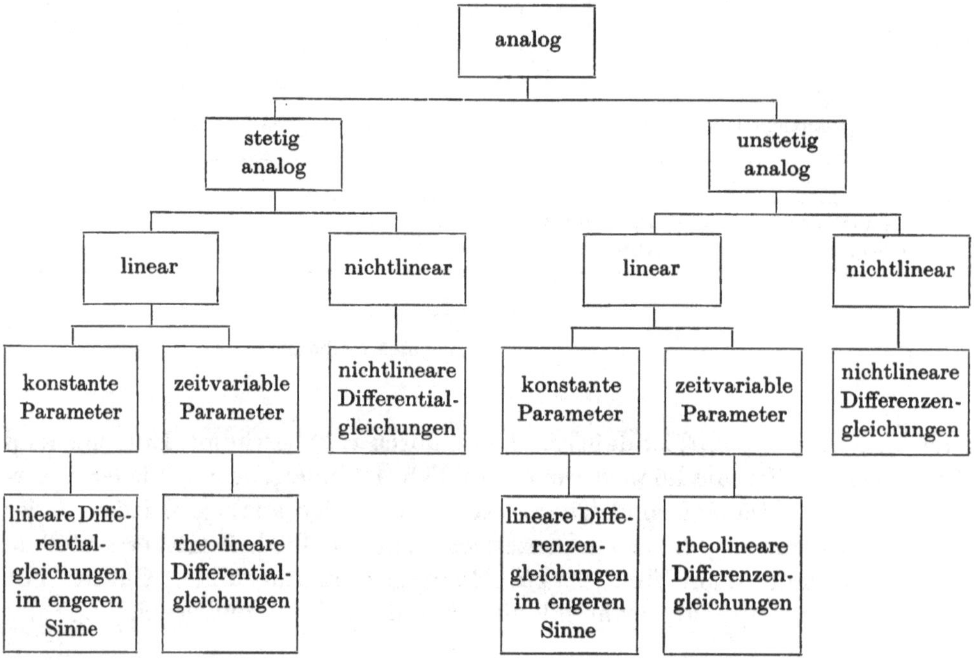

zugt, die an möglichst vielen Stellen der Rechnung eine technische Interpretation der Zwischenresultate ermöglichen. Im Falle der analogen Glieder sind in Tab. 2 Beispiele für die allgemeine Verwendung mathematischer Gleichungen zur Charakterisierung dieser Glieder angegeben.

Zur Lösung gewöhnlicher linearer Differentialgleichungen mit konstanten Koeffizienten, wobei auch retardierte Argumente vorkommen dürfen, verwendet man oft die LAPLACE-Transformation. Der LAPLACE-Unterbereich zeichnet sich dadurch aus, daß in ihm eine technische Interpretation der Zwischenergebnisse möglich ist. Die Übertragungsfunktion*

$$F(s) = \frac{L(x_a(t))}{L(x_e(t))}$$

charakterisiert lineare stetige analoge Glieder mit konstanten Parametern eindeutig [3];

$$F(s)\Big|_{s=j\omega} = F(j\omega)$$

ist für $0 \leqq \omega < \infty$ der sogenannte Frequenzgang, der in gewissen ω-Intervallen von Geräten meßtechnisch aufgenommen werden kann (Frequenzgangmeßplatz).

* L = LAPLACE-Operator.

Für die binären Glieder als Teile von Schaltsystemen ist die Schaltalgebra das wesentliche Hilfsmittel. Sie ist die technische Auswertung der Aussagen des Aussagenkalküls der mathematischen Logik als zweiwertige Logik.

Aus dieser kurzen Darstellung, die in keiner Weise Anspruch auf Vollständigkeit erhebt, ist bereits zu ersehen, welchen Umfang der Einsatz mathematischer Methoden in der Automatisierungstechnik angenommen hat. Im folgenden wollen wir auf die Wechselwirkung zwischen Automatisierungstechnik und Mathematik näher eingehen.

Auswertung mathematischer Gleichungen und Rechenmethoden für die Technik

Betrachten wir die geschichtliche Entwicklung der Mathematik, so stellen wir fest, daß eine Reihe mathematischer Aussagen bewiesen war, von denen zunächst nicht einmal anzunehmen war, daß sie in absehbarer Zeit für die Technik Bedeutung erlangen.

Als Beispiel sei die binäre Logik [4] genannt, die erst in den letzten Jahren als Schaltalgebra [5] beim Bau programmgesteuerter digitaler Rechenautomaten und bei Schaltsystemen in industriellen Steuerungen [6] häufig angewendet wird. Mit Hilfe ihrer Methoden kann man bei Relaissystemen mit einem Minimum an Kontakten auskommen (Einsparung von Bauelementen).

Selbst dann, wenn eine mathematische Aussage technisch angewendet wurde, blieb noch das Problem zu lösen, diese Aussage technisch optimal anzuwenden. Zur Lösung dieses Problems sind Analogiebetrachtungen notwendig, und außerdem sind die Strukturen der einzelnen technischen Disziplinen zu untersuchen. Liegen analoge Strukturen vor, so kann man sich derselben mathematischen Hilfsmittel bedienen. Naturgemäß führt dieser Gedankengang bei kontinuierlichen Beziehungen zum Analogrechner. Er stellt in diesem Sinne die technische Realisierung einer mathematischen Gleichung bzw. eines Gleichungssystems dar. Man wird sich vorzugsweise eines solchen analogen Modelles bedienen, das einfach zu handhaben ist und mit dem man leicht systematisch experimentieren kann. Moderne Analoganlagen und Modellanlagen erfüllen diese Bedingung. Entsprechendes gilt für die reine Verarbeitung von Zahlen nach den Grundrechenoperationen (Addition, Subtraktion, Multiplikation und Division). Bei Analogiebetrachtungen wird man hier zu digitalen Rechnern, angefangen vom Additor bis zum digitalen Großrechner, geführt.

Eine Reihe von Beispielen soll nunmehr zeigen, auf welch mannigfaltige Art mathematische Gleichungen und Rechenmethoden angewendet werden können.

Nehmen wir einen Satz aus der Funktionentheorie, der im wesentlichen auf Cauchy zurückgeht [7].

In einer für die Technik umformulierten Form lautet er:

Ist $G(z)$ eine analytische Funktion, definiert in der komplexen Zahlenebene, C ein geschlossener Weg (Kurve) in dieser Ebene, so gilt:

Hat $G(z)$ n Nullstellen und m Pole innerhalb C und durchläuft z die Kurve C einmal im Uhrzeigersinn, so führt der ebene Vektor $G(z)$ um den Nullpunkt $n - m$ Umdrehungen im Uhrzeigersinn aus.

Sein Äquivalent innerhalb der Stabilitätsanalyse linearer Systeme mit konstanten Parametern in der Automatisierungstechnik ist der Satz von NYQUIST über die Stabilität linearer Systeme [8].

Nun ein Beispiel, das heute für die Technik, insbesondere beim Einsatz von Rechenmaschinen, aktuell ist. Bei der Linearprogrammierung werden mathematisch lineare Funktionen mehrerer Veränderlicher unter feststehenden Nebenbedingungen betrachtet, die in Form linearer Gleichungen oder linearer Ungleichungen gegeben sind.

Die Lösung dieses rein mathematischen Problems ist heute für die Technik außerordentlich wichtig geworden. Zur schnellen Bewältigung der durchzuführenden Rechnungen werden Analogierechenmaschinen eingesetzt [9].

Als Beispiel sei die Optimierung von Prozessen hinsichtlich einer als linear betrachteten Gütefunktion bzw. Kostenfunktion der Endprodukte angeführt. Eine lineare Kostenfunktion p als Funktion der Endprodukte x_n hat dann die Gestalt

$$p = \sum_{n=1}^{N} a_n x_n .$$

Als Nebenbedingung treten Ungleichungen der folgenden Form auf:

$$\sum_{n=1}^{N} h_{mn} x_n \leqq a_m \qquad (m = 1, 2, \ldots, M),$$

wobei a_m vorgegebene obere Schranken sind. Da x_n erzeugte Mengen sind, gilt ferner:

$$x_n \geqq 0 \qquad (n = 1, 2, \ldots, N).$$

Bemerkt sei, daß die sogenannte Theorie der Spiele technisch zu solchen Optimierungsproblemen führt, bei denen variable Nebenbedingungen zu erfüllen sind [10].

Ein weiteres Beispiel sei der Korrelationsanalyse entnommen. Wir betrachten ein Glied im Sinne der Einführung, das ein stetiges analoges lineares Glied mit konstanten Parametern ist. Dieses Glied läßt sich mit Hilfe der Gewichtsfunktion $g(t)$ eindeutig charakterisieren. $g(t)$ ist die Lösung der zugehörigen Differentialgleichung, falls alle Anfangswerte Null sind und als Eingangsgröße des Gliedes die DIRACsche δ-Funktion gewählt wird. Zur mathematisch präzisen Darstellung wäre hier auf die Distributionen einzugehen, was aber der Kürze halber nicht geschehen soll. Unter Verwendung der

Laplace-Transformation können wir folgenden Zusammenhang zwischen der Gewichtsfunktion $g(t)$ und der Übertragungsfunktion $F(s)$ des Gliedes präzisiert angeben [10]:

$$L(g(t)) = F(s).$$

Ist $y(t)$ das Eingangssignal, $x(t)$ das Ausgangssignal und sind $y(t)$ und $x(t)$ Realisierungen stationärer ergodischer Zufallsprozesse und bilden wir die Auto- bzw. Kreuzkorrelationen

$$a_{yy}(t') = \lim_{T\to\infty} \frac{1}{T} \int_0^T y(t)y(t-t')\,dt,$$

$$a_{yx}(t') = \lim_{T\to\infty} \frac{1}{T} \int_0^T y(t)x(t-t')\,dt,$$

so gilt folgende Integralgleichung:

$$a_{yx}(t') = \int_{-\infty}^{+\infty} g(t)a_{yy}(t'-t)\,dt.$$

$g(t)$ ist mathematisch als Lösung dieser Integralgleichung zu bestimmen. Damit werden die Lösungsmethoden singulärer Integralgleichungen für die technische Fragestellung bedeutungsvoll.

Mengentheoretische Betrachtungsweisen über Abbildungen von Mengen aufeinander spielten bei Untersuchungen über einen Vorschlag zur Signaldefinition und Signalklassifikation eine hervorragende Rolle. Es handelt sich dabei einerseits um die Menge, die den Wertevorrat einer zu messenden Größe bildet, und andererseits um die Menge, die den Wertevorrat des Informationsparameters ausmacht [1]. Auch für die Aufstellung von bestimmten TGL können solche Betrachtungen von großem Nutzen sein.

Schon diese wenigen Beispiele zeigen, daß heute moderne Fragestellungen der Mathematik für die Technik von außerordentlicher Bedeutung sind. Insbesondere fordert dabei die Technik solche Lösungsverfahren, die es erlauben, die mathematischen Probleme mit vertretbarem Aufwand zu lösen. Entscheidend ist in allen Fällen, daß innerhalb relativ kurzer Zeit industriell auswertbare Ergebnisse geliefert werden. In den meisten Fällen führen diese Nebenbedingungen zur Anwendung geeigneter Rechenmaschinen, nämlich sobald die Probleme einen gewissen Kompliziertheitsgrad erreicht haben. Damit werden maschinelle Rechenhilfsmittel in Zukunft mehr und mehr an Bedeutung gewinnen, und Mathematik und Technik werden sich gerade dadurch immer enger miteinander verflechten und gegenseitig ergänzen.

Dieser Standpunkt wird von allen denjenigen vertreten, die in der Technik tätig sind. Tagein, tagaus ergeben sich neue Fragen, die beantwortet werden müssen. Dabei ist es eine wesentliche und oftmals nicht einfache Aufgabe, diese Fragestellungen so zu formulieren, daß sie auf bestimmte mathematische Gleichungen oder Probleme führen, die mathematisch zu bewältigen sind. Mitunter ist der Aufwand sehr groß, und man benötigt umfangreiche Rechenmaschinen. Mit wachsendem Aufwand steigt der Bedarf an Zeit und Geldmitteln. Beides muß mit den aus den erwarteten Ergebnissen zu ziehenden Schlußfolgerungen für die Technik im Einklang stehen. Auf die technischen Fragestellungen, die zu üblichen mathematischen Problemen führen, soll hier nicht näher eingegangen werden. Vielmehr sollen nunmehr solche technischen Fragestellungen behandelt werden, die mathematische Probleme aufwerfen, die von den Mathematikern in zumindest nicht üblicher Weise gelöst werden. Dazu einige Beispiele:

Es ist üblich, daß Problemstellungen im Zusammenhang mit Differentialgleichungen so behandelt werden, daß sowohl die Struktur als auch die Konstanten bzw. die Koeffizienten als bekannt angesehen und die Lösungen unter Berücksichtigung spezieller Anfangs- oder Randbedingungen bestimmt werden. Für die Analyse von Regelkreisen ist es naturgemäß notwendig, die Gleichungen der Regelstrecke und der einzelnen Geräte zu kennen. Da es praktisch oft unmöglich ist, diese Gleichungen theoretisch vollständig aufzustellen — als Beispiel sei die bei einer Flächengewichtsregelung abzugrenzende Regelstrecke in einer Papiermaschine genannt —, benötigt man Verfahren, nach denen diese meßtechnisch erfaßt werden. Mathematisch bedeutet das, daß eine oder mehrere spezielle Lösungen einer Differentialgleichung gegeben sind — diese Lösung liegt meßtechnisch im allgemeinen als Kurve oder Kurvenschar vor — und daß daraus z. B. im linearen Falle sowohl die Ordnung bestimmt wird (Strukturbestimmung) als auch die Koeffizienten ermittelt werden. Derartige Gedankengänge führen z. B. zur Methode der Übergangsfunktionsanalyse, die im folgenden kurz dargestellt werden soll.

Viele Glieder der Automatisierungstechnik haben eine Übergangsfunktion $h(t)$ nach Abb. 2. Ist $x_e(t) = 1(t)$ (Einheitssprung), so ist $x_a(t) = h(t)$. Durch Konstruktion der Wendetangente im Wendepunkt (h_w, T_w) und Bestimmung der Schnittpunkte dieser Wendetangente mit der t-Achse und der Asymptode $h(t) = K$ werden die Kennwerte Verzugszeit T_u und Ausgleichszeit T_a entsprechend Abb. 2 ermittelt. Aus diesen Werten soll die zugehörige Differentialgleichung bestimmt werden. Die allgemeine Gestalt einer solchen Differentialgleichung ist:

$$\sum_{n=1}^{N} b_n x^{(n)}(t) + x(t) = K y(t), \qquad b_n \neq 0, \qquad (0 < t < \infty),$$

das zugehörige charakteristische Polynom $P(s)$;

$$P(s) = 1 + \sum_{n=1}^{N} b_n s^n,$$

kann bei einer Übergangsfunktion nach Abb. 2, wie aus der Theorie der Differentialgleichungen bekannt ist, nur negativ reelle Nullstellen haben, die wir in der Form

$$-\frac{1}{T_n} \quad (n = 1, 2, \ldots, N)$$

schreiben. Dann ergibt sich folgende Produktdarstellung für das charakteristische Polynom

$$P(s) = \sum_{n=1}^{N} (T_n s + 1).$$

Die Größen T_n heißen Zeitkonstanten. Sind alle Zeitkonstanten gleich, so ist der Quotient T_a/T_u eine Funktion von N allein. Es gilt:

$$\frac{T_a}{T_u} = \frac{(N-1)!}{(N-1)^N e^{-(N-1)} - \int_0^N e^{-x} x^{N-1}\, dx}.$$

Beziehungen dieser Art werden für die industrielle Praxis stets graphisch dargestellt [13]. Ferner gilt für T_w:

$$T_w = NT \qquad (T_n = T \quad \text{für} \quad n = 1, 2, \ldots, N).$$

Diese Darstellung erhält man, wenn man beachtet, daß die Übergangsfunktion $h(t)$ mathematisch die Lösung der betrachteten Differentialgleichung mit verschwindenden Anfangswerten und $y(t) = 1(t)$ ist. Da man K der Übergangsfunktion unmittelbar entnehmen kann (Abb. 2), ist es möglich, nach den angegebenen Methoden die Ordnung N und die Zeitkonstanten T und damit die Koeffizienten der Differentialgleichung zu bestimmen. Ist aber die angegebene Voraussetzung nicht erfüllt, ist also z. B. $T_1 \neq T_2 \neq \cdots \neq T_N$, so hat die

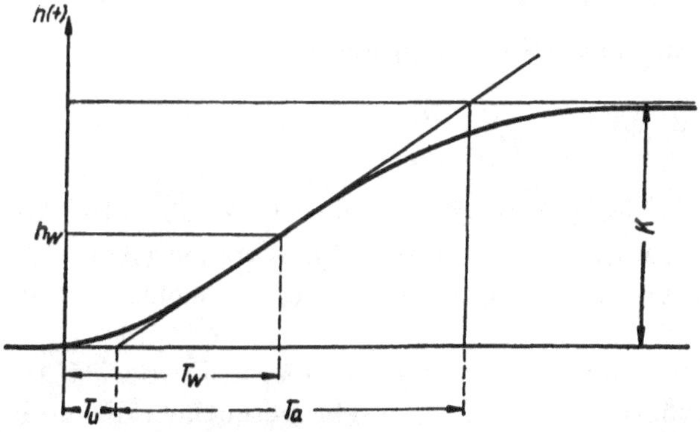

Abb. 2.
Übergangsfunktion eines Gliedes, das durch eine Differentialgleichung n-ter Ordnung beschrieben wird und dessen charakteristisches Polygom nur negativ reelle Stellen hat.

Übergangsfunktion zwar dieselbe Gestalt wie auf Abb. 2, doch für T_a/T_u gelten andere Gleichungen. Dieser Quotient hängt dann von allen Zeitkonstanten ab und ist stets größer als im Falle gleicher Zeitkonstanten. Er nimmt also für gleiche Zeitkonstanten sein Minimum an. Für $N = 2$ ist dies relativ einfach zu beweisen [13]. Eine Reihe weiterer Arbeiten aus diesem Gebiet ist in letzter Zeit entstanden [14, 15, 16].

Auch die bereits zitierte Integralgleichung kann zur Bestimmung der zu $g(t)$ gehörigen Differentialgleichung und damit der dynamischen Kennwerte auf Grund der Korrelationsanalyse benutzt werden. Dazu geht man von den Korrelationsfunktionen zu den Momenten der Gewichtsfunktion μ_i über.

Es gilt:

$$\mu_i = \int_{-\infty}^{+\infty} t^i g(t)\, dt \qquad (i = 0, 1, 2, \ldots).$$

Wir führen die normierten Momente

$$\bar{\mu}_i = \frac{\mu_i}{\mu_0} \qquad (i = 1, 2, \ldots)$$

sowie die normierten Zentralmomente i-ter Ordnung

$$\bar{\mu}_{i0} = \int_{-\infty}^{+\infty} (t - \bar{\mu}_1)^i\, g(t)\, dt \qquad (i = 1, 2, \ldots)$$

ein.

Mit Hilfe der angegebenen Integralgleichung kann man aus den entsprechend gebildeten Momenten der Auto- und Kreuzkorrelationsfunktion diejenigen der Gewichtsfunktion bestimmen [17].

Nun gilt für den bereits mit Hilfe der Übergangsfunktion behandelten Fall

$$\begin{aligned} \mu_0 &= K, \\ \bar{\mu}_1 &= NT, \\ \bar{\mu}_{20} &= NT^2, \\ \bar{\mu}_{30} &= 2NT^3. \end{aligned}$$

Aus μ_0 bestimmt man K.

Um N zu bestimmen, bildet man die Quotienten q_1 und q_2,

$$q_1 = \frac{\bar{\mu}_1^2}{\bar{\mu}_{20}} = N; \qquad q_2 = \frac{\bar{\mu}_1^3}{\bar{\mu}_{30}} = \frac{N^2}{2}$$

und bestimmt aus mindestens einem von beiden N (Kontrolle möglich). Aus $\bar{\mu}_1$ oder $\bar{\mu}_{20}$ oder μ_{30} läßt sich dann die Zeitkonstante T bestimmen (Kontrolle möglich) [17]. Auf diese Weise wurde die angegebene Integralgleichung näherungsweise gelöst.

In dieser Hinsicht gibt es noch sehr viele Probleme zu lösen. Für den IFAC-Kongreß 1963 ist die Kennwertbestimmung als eine sehr wesentliche Frage in den Vordergrund der Betrachtungen und der gewünschten Beiträge gestellt worden.

Ein weiteres Beispiel betrifft die Stabilitätsanalyse bzw. die Strukturanalyse linearer Systeme mit konstanten und konzentrierten Parametern.

Ein Glied läßt sich in diesem Falle durch seine Übertragungsfunktion $F(s)$ eindeutig charakterisieren. Im erwähnten Falle ist $F(s)$ eine rationale Funktion, also ein Polynomquotient. Stabilität herrscht stets dann, wenn $F(s)$ nur Polstellen mit negativem Realteil hat.

Betrachten wir als Glied einen aufgeschnittenen Regelkreis mit stabilem Verhalten. Seine Übertragungsfunktion kann man in der Form $F(s) = VG(s)$ darstellen. Die Kreisverstärkung V ist dabei variabel in einem gewissen Intervall. Will man erreichen, daß der geschlossene Regelkreis stabil arbeitet, so ist dies gleichbedeutend damit, daß die zugehörige Übertragungsfunktion $F(s)$

$$F(s) = \frac{VG(s)}{1 + VG(s)}$$

die Stabilitätsbedingung erfüllt.

Mathematisch wären also einmal die Nullstellen des Nennerpolynoms von $G(s)$ zu bestimmen und zum anderen die Nullstellen des Zählerpolynoms von $1 + VG(s)$. Letztere hängen aber von V ab.

Wir verstehen unter der Wurzelortskurve (Wurzelort) des geschlossenen Regelkreises die Gesamtheit der Nullstellen von $1 + VG(s)$, wenn V ein bestimmtes Intervall J durchläuft.

Stabilität herrscht genau dann für alle V aus J, wenn diese Ortskurve stets in der linken Halbebene $[\mathrm{Im}(s) < 0]$ bleibt. Das Verfahren von Evans besteht nun darin, daß aus den Polen und Nullstellen von $G(s)$ (offener Regelkreis) mit Hilfe des Wurzelortsverfahrens die von V abhängigen Nullstellen von

$$1 + VG(s)$$

ermittelt werden [18].

Die skizzierte mathematische Fragestellung gehört auch nicht zu denjenigen, die bei der Betrachtung von Nullstellenbestimmungen üblicherweise behandelt werden.

Spezielle technische Fragestellungen können also zu neuen mathematischen Fragestellungen führen und sollten von der Mathematik systematisch erfaßt und behandelt werden.

Mathematik und Mathematiker

Bisher haben wir uns hauptsächlich mit mathematischen Problemen im Zusammenhang mit technischen Fragestellungen befaßt. Wie sieht es nun in der industriellen Praxis bezüglich der Menschen aus, die Mathematik als

Arbeits- und Darstellungshilfsmittel verwenden? Der größte Teil der Ingenieure wendet in einem mehr oder minder großen Umfang mathematische Methoden an. Sofern keine geeigneten Rechenmaschinen zur Verfügung stehen, werden z. B. Probleme mit Differentialgleichungen nur dann praktisch angewendet, wenn es sich um lineare Differentialgleichungen 2. Ordnung mit konstanten Koeffizienten handelt. Werden wesentlich mehr mathematische Hilfsmittel benötigt, so sind es in der Regel Physiker und Mathematiker, die sich mit solchen Problemen beschäftigen. Aus dem bisher Gesagten geht eindeutig hervor, daß der Mathematiker, will er mit gutem Erfolg industriell tätig sein, ein gutes Einfühlungsvermögen in technische Problemstellungen besitzen und das mathematische Handwerkszeug souverän beherrschen muß. Ist die erste Voraussetzung nicht erfüllt, so dürften Diplomingenieure und Physiker mit großem Interesse für mathematische Probleme, die sich in dieser Hinsicht entsprechend weitergebildet haben, anderen Mathematikern überlegen sein. Die Ausbildung und der Einsatz von Diplommathematikern sind nach wie vor sehr aktuelle Probleme [19]. Aus der Wechselwirkung zwischen Mathematik und Technik müssen für die Ausbildungsmethode und das Ausbildungsziel sowie für die Einsatzmethode und das Einsatzziel der Mathematiker der industriellen Praxis entsprechende Schlüsse gezogen werden. Beide Probleme sind heute sehr brennend, und Akademien, Hochschulen und die Industrie sollten zur Lösung dieses Problems gemeinsame Anstrengungen unternehmen.

Literatur

[1] Bär, D., u. Schwarze, G., Zur Definition und Klassifikation der Signale für die Automatisierungstechnik. Z. Messen, Steuern, Regeln (1962) H. 2, 81–86.

[2] Schwarze, G., Grundbegriffe der Automatisierungstechnik. Reihe Automatisierungstechnik, Bd. 1, VEB Verlag Technik, Berlin 1961.

[3] Schwarze, G., Stetige lineare Glieder. Z. Messen, Steuern, Regeln (1960) H. 4, 151–153.

[4] Hilbert, P., u. Ackermann, W., Grundzüge der theoretischen Logik. Springer-Verlag, Berlin 1949.

[5] Kämmerer, W., Ziffernrechenautomaten. Akademie-Verlag, Berlin 1960.

[6] Zühlsdorf, Handbuch der Steuerungstechnik. VEB Verlag Technik, Berlin 1961.

[7] Whittaker and Watson, A course of modern Analysis. Macmillan, Cambridge 1943.

[8] Tsien, H. S., Technische Kybernetik. VEB Verlag Technik, Berlin, und Berlin Union, Stuttgart 1958, Kapitel 4.

[9] Sydow, A., Linearprogrammierung mittels Analogrechner und Prozeßoptimierung. Z. Messen, Steuern, Regeln (1961) H. 12, 501–504.

[10] Vajda, S., The Theory of Games and Linear Programming. London/New York 1956.

[11] Oldenbourg, R. C., u. Sartorius, H., Dynamik selbsttätiger Regelungen. Verlag R. Oldenbourg, München 1951.

[12] Peschel, M., Die Bedeutung der Korrelationsfunktion für die Regelungstechnik. Z. Messen, Steuern, Regeln (1960) H. 5, 191–199.

[13] Schwarze, G., Beurteilung von Regelstrecken mit Ausgleich an Hand ihrer Übergangsfunktion. Z. Messen, Steuern, Regeln (1960) H. 6, 241–244.

[14] SREJC, V., Approximation aperiodischer Übergangscharakteristiken. Z. Messen, Steuern, Regeln (1960) H. 3, 115–124.
[15] SCHWARZE, G., Beurteilung von Regelstrecken ohne Ausgleich an Hand der Übergangsfunktion. Z. Messen, Steuern, Regeln (1961) H. 9, 369–370.
[16] SCHWARZE, G., Bestimmung der Zeitkonstanten und statischen Kennwerte stetiger linearer Glieder aus empirischen Kennwerten, die der Übergangsfunktion entnommen werden. Z. Messen, Steuern, Regeln (1962) H. 5, 243–245.
[17] BÄR, D., Ein praktisches Verfahren zur Bestimmung der dynamischen Kennwerte von linearen Regelstrecken mit Ausgleich mit Hilfe der Korrelationsanalyse. Z. Messen, Steuern, Regeln (1962) H. 5, 251–256.
[18] SENF, B., Das Wurzelortverfahren. Z. Messen, Steuern, Regeln (1958) H. 1, 33–41.
[19] SCHWARZE, G., Ausbildung und Einsatz der Diplom-Mathematiker in der Deutschen Demokratischen Republik. Technik (1959) H. 8, 534–535.

Ing. Alfred Jensch
VEB Carl Zeiss Jena

ANGEWANDTE MATHEMATIK ALS UNENTBEHRLICHER HELFER BEI DER KONSTRUKTION ASTRONOMISCHER GROSSGERÄTE

Wenn es auch selbstverständlich ist, daß bei der Konstruktion astronomischer Großgeräte sehr oft Berechnungen angestellt werden müssen, so werden dennoch nur Eingeweihte darüber im Bilde sein, in welchem Umfang die mathematische Behandlung der auftretenden Probleme den konstruktiven Lösungsweg und den Bau entscheidend beeinflußt. Die Ursache dafür ist in der Ausnahmestellung zu sehen, die die Astrogroßgeräte gegenüber den Erzeugnissen der Feingerätetechnik einerseits und des Maschinenbaus andererseits innehaben. Der Zweck, dem sie dienen sollen, bestimmt die Toleranzen, die nach Möglichkeit eingehalten werden müssen. Die astronomische Forschung muß folgende Forderungen stellen:

Das Teleskop soll viele Lichtstrahlen des Gestirnes auffangen. Also muß der Durchmesser der lichtauffangenden Fläche recht groß sein, und außerdem muß sie, im Falle eines Hohlspiegels, eine hohe Reflexionsfähigkeit besitzen.

Es muß eine hervorragende Vereinigung aller von einem Gestirn aus Richtung der optischen Achse auf die Spiegelfläche treffenden Strahlen zu einer exakten Abbildung des Sternes im Brennpunkt des optischen Systems stattfinden. Dazu ist erforderlich, daß alle an der Abbildung beteiligten optisch wirksamen Flächen mit größtmöglicher Genauigkeit der theoretisch ermittelten Form entsprechen. Weiterhin müssen sie die richtige Stellung zueinander haben und diese in allen Stellungen des Teleskops auch beibehalten.

Schließlich als dritte der wichtigsten Forderungen: Das ganze Teleskop muß der scheinbaren täglichen Drehung des Himmelsgewölbes nachgeführt werden können, um zu erreichen, daß das eingestellte Gestirn unverändert im Blickfeld des Teleskops bleibt. Soll die exakte Abbildung des Sternes im Brennpunkt einen Sinn haben, dann muß die Nachführung mit so hoher Präzision erfolgen, daß das Bild des Gestirnes nicht mehr als kleine Bruchteile seines Durchmessers von seiner anfänglichen Stellung abweicht.

Wenn auch auf dem Gebiet der Astro-Großgeräteentwicklung schon eine Fülle von Erfahrungen vorliegt, beginnt dennoch bereits bei der Untersuchung der gestellten Anforderungen der Einsatz der Mathematik. Nur mit deren Hilfe ist es möglich, die Aufgabenstellung zu präzisieren. Sie gibt uns die ersten Richtlinien zur Gestaltung des Entwurfes in optischer wie auch mechanischer

Hinsicht. Da die Wünsche des Astronomen verständlicherweise in Superlativen münden, muß es die mathematische Behandlung gestatten, Werte abzuleiten, die bei einem Vergleich mit den technischen und wirtschaftlichen Möglichkeiten die wahrscheinlich erreichbaren Grenzen erkennbar machen.

Einfache mathematische Überlegungen zeigen, daß die Zunahme an Reichweite eines Teleskops zwar mit dem Quadrat des Durchmessers der lichtauffangenden Fläche steigt, die scheinbare Helligkeit eines Sternes aber mit dem Quadrat der Entfernung abnimmt. Die Reichweite steigt also, sieht man von allen astronomischen Feinheiten ab, nur linear mit dem Durchmesser der lichtauffangenden Fläche an. Der Aufwand, der für ein Spiegelteleskop erforderlich ist, steigt aber leider ebenso wie sein Gewicht mit der 3. Potenz des Spiegeldurchmessers. Diese erste wichtige Entscheidung wird gefällt auf Grund eines sorgfältigen Abwägens vieler Einzelfragen wie:

Zur Verfügung stehende finanzielle und technische Mittel, Klima des Aufstellungsortes (Anzahl der klaren Nachtstunden, Luftruhe, Höhenlage), Forschungsaufgaben und ihre Fernziele.

Über die erste Forderung herrscht also bereits Klarheit, wenn die Aufgabe in die Hand des Konstrukteurs übergeht.

In der folgenden Behandlung soll der Zusammenhang Mathematik und Technik am Beispiel des 2-m-Universal-Spiegel-Teleskops des Karl-Schwarzschild-Observatoriums der Deutschen Akademie der Wissenschaften zu Berlin in Tautenburg veranschaulicht werden. Wie die Bezeichnung des Teleskops besagt, wurde als lichtauffangende Fläche ein Hohlspiegel von 2 m ⌀ festgelegt und Universalität gefordert. Das Teleskop soll für möglichst viele durchaus unterschiedliche astrophysikalische Forschungsaufgaben einsatzfähig sein.

Hier setzen zur weiteren Präzisierung der Aufgabenstellung die Rechnungen zur Festlegung der optischen Systeme ein, die stets auf der Basis des 2-m-Hohlspiegels aufbauen müssen und durch Kombination mit weiteren optischen Bauteilen „umbaufähig" sein sollen.

Man braucht ein System mit großem Öffnungsverhältnis (bei festliegendem Hauptspiegel-⌀ bedeutet das eine kurze Brennweite), weiterhin ein System mit einem großen Feld bester Abbildungsgüte (SCHMIDT-System), ein System langer Brennweite (CASSEGRAIN-System) und schließlich ein System mit feststehendem Fokus (COUDÉ-System) (Abb. 1).

Die Ansprüche an ein großes Feld erfüllt nur ein System in wirklich hervorragender Weise — das SCHMIDT-System. Es arbeitet mit einem sphärischen Hauptspiegel und einer dünnen Korrektionsplatte in dem Krümmungsmittelpunkt des Hauptspiegels. Damit ist die Gestalt des Hauptspiegels von vornherein festgelegt. Es muß ein sphärischer Spiegel sein. Die optischen Rechnungen sind nun darauf gerichtet, die Deformationen der CASSEGRAIN- und COUDÉ-Gegenspiegel zu errechnen, um diese Werte dem praktischen Optiker zur Beurteilung der Herstellungsmöglichkeit dieser Gegenspiegel vorlegen zu können.

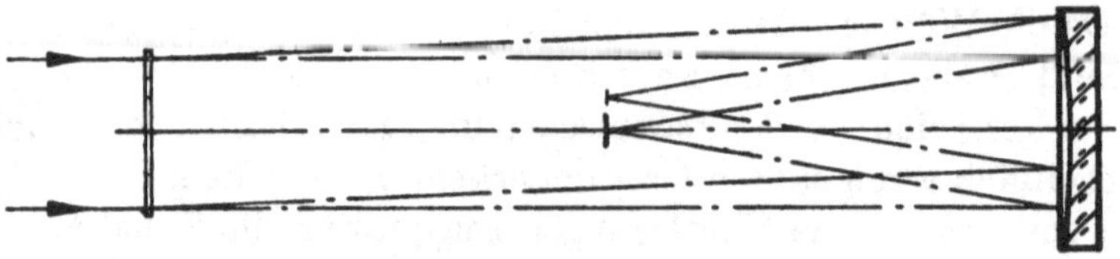

Schmidt-System: f = 4 m, Fotoplatte 24 × 24 cm, M = 1:100

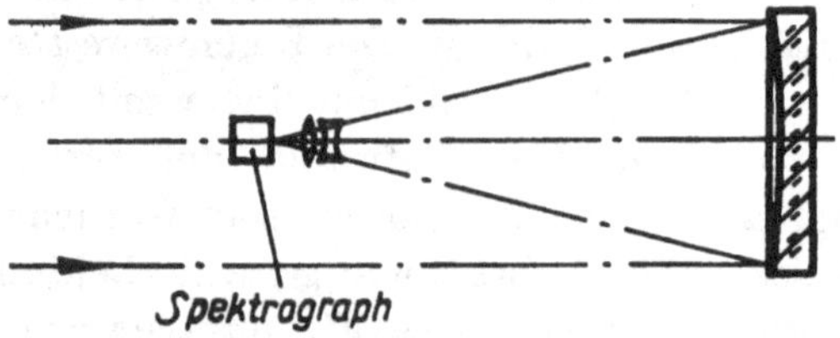

Quasi-Newton-System: f = 4 m, für Spektrographen-Anwendung M = 1:100

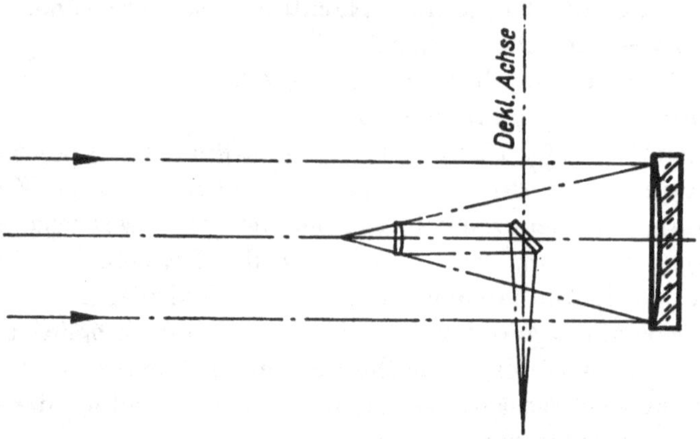

Quasi-Cassegrain-System: f = 20 m, für Spektrographen und Fotometer M = 1:100

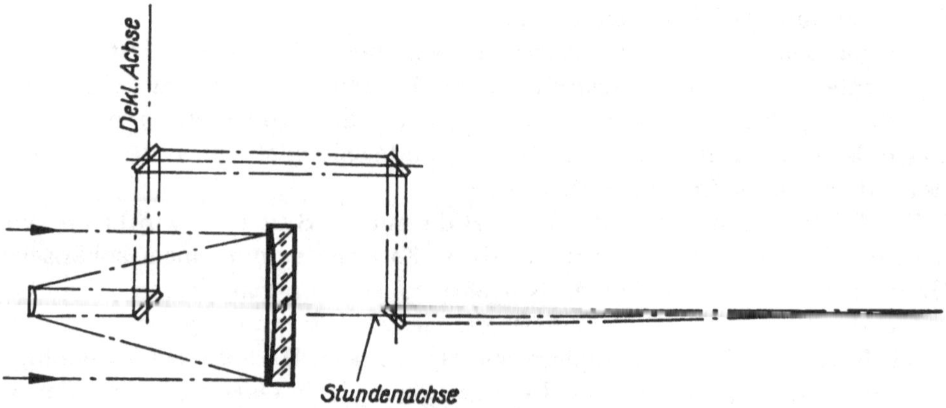

Quasi-Coudé-System: f = 92 m, für Spektrographen hoher Dispersion M = 1:100

Abb. 1. Die 4 optischen Systeme des 2-m-Universal-Spiegelteleskops, Tautenburg

Der sphärische Hohlspiegel, als unbedingte Voraussetzung für das SCHMIDT-System, ist sphärisch unterkorrigiert. Der Korrektionsplatte im Krümmungsmittelpunkt kommt daher die Aufgabe zu, diese Unterkorrektur zu berichtigen. Um die dadurch auftretenden chromatischen Aberrationen so klein wie möglich zu halten, wird die bei Linsen allgemein in der Mitte liegende neutrale Zone nach außen verlegt. Der günstigste Wert liegt bei $h_N \doteq \sqrt{\frac{3}{4}} \cdot H$, wobei H der Plattenradius und h_N der Abstand der neutralen Zone vom Mittelpunkt ist. Der verbleibende chromatische Restfehler ergibt eine Streuung um die exakte Sternabbildung, deren $\varnothing = \frac{\Delta n}{4(n-1)}\left(\frac{H}{R}\right)^3$ ist. Im Falle des SCHMIDT-Systems des Tautenburger Teleskops ergibt sich ein $\varnothing$ von 0,″9.

Δn = Differenz der Berechnungsindizes der jeweiligen mittleren und äußeren Wellenlängen.

Die Kurvenform der Oberfläche der Korrektionsplatte wird berechnet nach einer geschlossenen Formel, welche sich nach den Gesichtspunkten der erforderlichen Berichtigung der sphärischen Unterkorrektur und der geringsten chromatischen Restfehler ableiten läßt. Die Deformationen der CASSEGRAIN- und COUDÉ-Gegenspiegel werden dagegen auf trigonometrischem Wege durch Berechnung mehrerer Strahlen ermittelt. Es sind bei der Kombination mit einem sphärischen Hohlspiegel weit größere Abtragungsarbeiten erforderlich als bei den üblichen CASSEGRAIN-Systemen mit einem parabolischen Hauptspiegel. Während sie bei den letzteren etwa 0,002 mm betragen, erreichen sie in der Anordnung des 2-m-Universal-Spiegelteleskops den beachtlichen Wert von 0,048 mm.

Erachtet der Praktiker es als möglich, diese Flächen herzustellen, so kann eine erste Festlegung des optischen Aufbaues der vier Systeme erfolgen.

Damit erhält der Konstrukteur die zweite Unterlage für seinen Entwurf — den optischen Aufbau mit Durchmesser- und Abstandsangaben für alle optischen Teile.

Von der optischen Rechnung muß der Konstrukteur aber noch weitere Werte erhalten, Toleranzangaben für die Genauigkeit der Flächen und für die gegenseitige Justierstellung. Diese Werte sind äußerst wichtig, denn die gesamte Konstruktion des Teleskops wird durch diese Forderungen maßgeblich beeinflußt. Für die Justierung sind folgende Werte von Bedeutung:

Das meridionale Querkoma, das bei einem normalen CASSEGRAIN-System gleicher Brennweite und Öffnung 0,156% des Bildabstandes von der Achse beträgt, hat am 2-m-Universal-Spiegelteleskop den Wert von 10%.

Eine Dezentrierung des COUDÉ-Gegenspiegels um 1 mm erzeugt einen Asymmetriefehler von 4″ und eine Verlagerung des Bildes quer zur Achse um 23 mm entsprechend 52″.

Eine Abstandsänderung in Richtung der optischen Achse von $\pm 1{,}5$ mm bewirkt bei dem gleichen System eine Änderung der Fokuslage um ± 790 mm und einen Öffnungsfehler von $1\overset{''}{.}3$.

Die sich aus den errechneten Werten für die Konstruktion ergebenden Toleranzen sind außerordentlich eng.

Die schwierige Lage des Konstrukteurs wird deutlich erkennbar an der mathematischen Beziehung für die zulässigen Neigungsfehler der optisch wirksamen Fläche des Hauptspiegels:

$$\frac{dy}{dx} = \frac{0{,}177}{r_a} \cdot 10^{-3} \qquad (r_a \text{ in mm})$$

sowie an der Gleichung zur Berechnung der Auflösungskraft eines Abbildungssystems:

$$b = \frac{\lambda}{\frac{D}{F}} \; ; \quad b'' = \frac{\lambda \cdot 206\,000}{D} \, .$$

Aus beiden Beziehungen geht klar die Ausnahmestellung des Astro-Großgerätebaues hervor: Die Dimensionen der Bauteile steigen bis zu den Größenordnungen des Schwermaschinenbaues an — die absoluten Werte der zulässigen Toleranzen aber werden mit wachsenden Dimensionen immer kleiner und lassen sich schließlich weder mit Präzision noch mit Stabilität des Aufbaues einhalten.

Aus dieser Erkenntnis heraus muß der Konstrukteur bei jeder konstruktiven Festlegung alle Gefahren zu erfassen versuchen, die der Erreichung des Zieles bereits während der Fertigung, bei der Montage und Justierung und während des Gebrauchs hindernd im Wege stehen.

Die größte Gefahrenquelle stellen, wie die weitere mathematische Untersuchung zeigt, die Temperaturveränderungen und die während des astronomischen Gebrauchs des Teleskops sich stetig in ihrer Richtung ändernde Schwerkraft dar.

Umfangreiche Berechnungen führen auf dem Wege über zulässige Idealisierungen zu Angaben über die Temperaturempfindlichkeit des Spiegelglasblockes, insbesondere die Empfindlichkeit auf Temperaturdifferenzen zwischen Vorder- und Rückseite des Spiegels. Die Rechnungen zeigen auch einen Vergleich der verformenden Wirkung der Schwerkraft mit der der einseitigen Erwärmung.

Das Ergebnis ist überraschend. Bereits 0,2° C Temperaturdifferenz lösen ebensoviel verformende Kräfte aus, wie aus der Belastung durch Eigengewicht nach Aufnahme des Gesamtgewichtes durch die 18 Entlastungssysteme noch vorhanden sind. Die RAYLEIGH-Grenze mit einem Neigungsfehler $= 0{,}175 \cdot 10^{-6}$ wird bei 0,9° C Temperaturdifferenz erreicht.

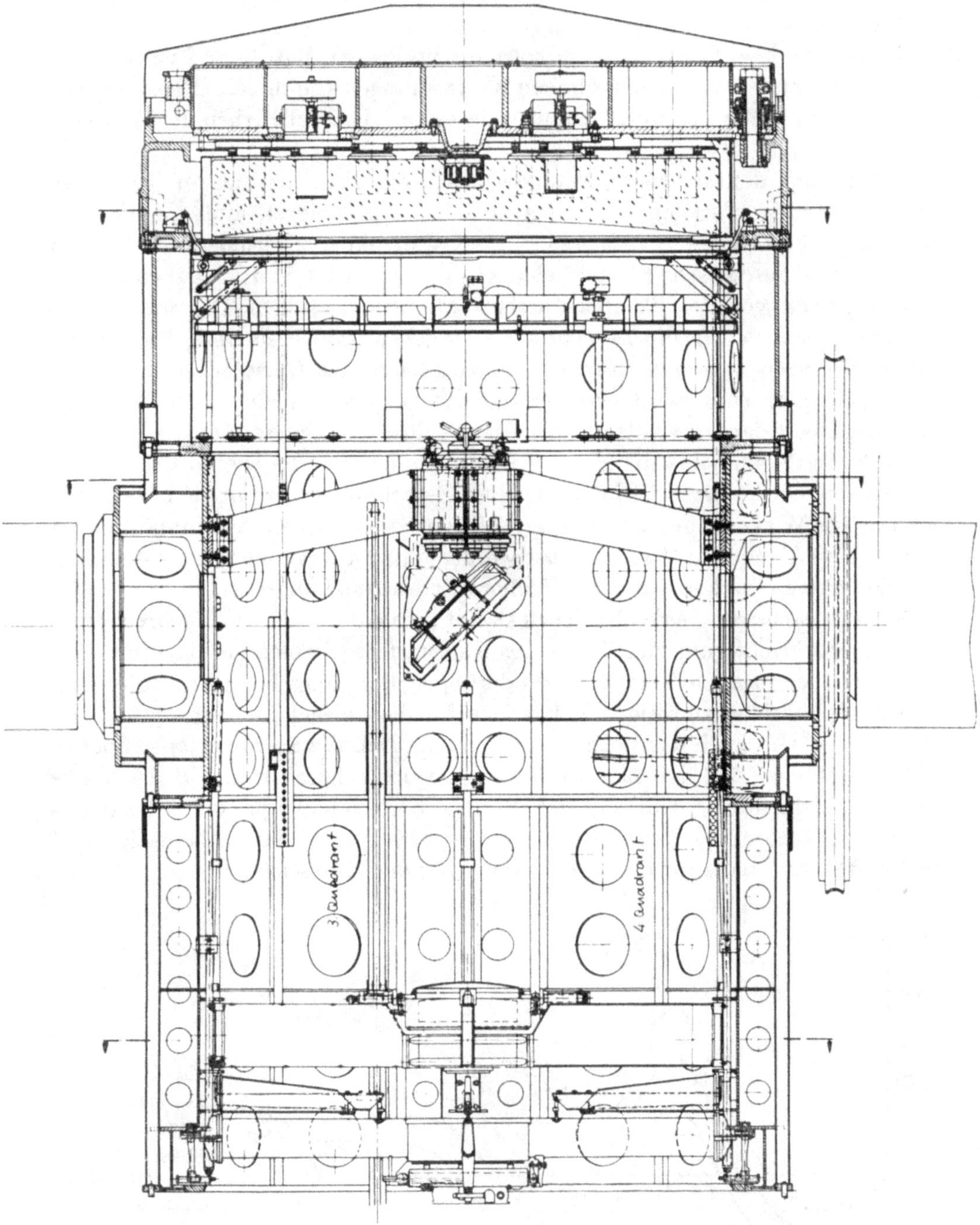

Abb. 2. Längsschnitt durch den Rohrkörper, Spiegelteil

Die so gewonnenen Ergebnisse lösen sofort neue, nur auf dem Wege über die Mathematik zu beantwortende Fragen aus.

Kann man einen Teleskopspiegel so lagern und fassen, daß er vor Temperatureinflüssen sowie vor den schädlichen Verformungen durch sein Eigengewicht in so hohem Maße geschützt bleibt, wie es die diesbezüglichen Rechnungen fordern?

Auf Grund der Berufserfahrungen des Konstrukteurs hat er für diese Probleme einige Lösungsvorschläge bereit. Der Spiegel muß „entlastet" werden und — wenn wir ihn schon nicht in einen Thermostaten stecken können, da seine optische Fläche freien Ausblick nach den Sternen haben muß — weitestgehend vor den Temperaturschwankungen zwischen Tag und Nacht geschützt bleiben. Da die Berechnungen ergeben, daß besonders die Temperaturdifferenzen zwischen Vorder- und Rückseite des Glasblockes in hohem Maße schädlich sind, wird man erstens ein Glas mit niedrigem Wärmeausdehnungskoeffizienten wählen und zweitens durch geeignete Konstruktion an der Rückseite möglichst die gleichen Verhältnisse schaffen wie an der optisch wirksamen Vorderfläche. Bei den gleichen Berechnungen ergibt sich auch eine ungünstige Wirkung der Umgebung auf den zylindrischen Außenmantel. Da durch diese Fläche ein Wärmeaustausch der inneren Glasteile erleichtert wird, empfiehlt sich eine hochwirksame Isolierung des Außenmantels.

Nach Ausarbeitung eines Entwurfes zeigt eine entsprechende Nachrechnung unter Berücksichtigung der durch den Entwurf gegebenen Verhältnisse, daß nur noch bei raschen Temperaturänderungen der Umgebungsluft mit einer Überschreitung der zulässigen Toleranzen für die Spiegeloberflächengestalt zu rechnen ist. Um auch das noch zu vermeiden, muß die Sternwartenkuppel so gut isoliert sein, daß der Einfluß der Sonneneinstrahlung während des Tages durch die dann stets geschlossen gehaltene isolierte Kuppel praktisch belanglos wird. Die Rechnungen wurden durch entsprechende Versuche bestätigt und bilden die Grundlage für die Dimensionierung der Kuppelisolation.

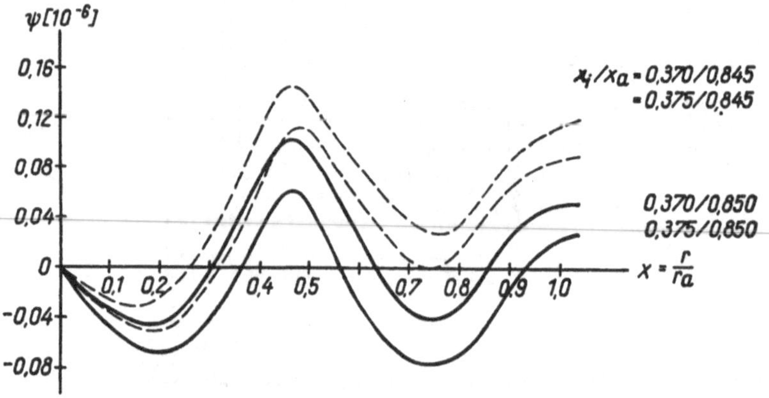

Abb. 3. Abhängigkeit der Neigungen der Spiegeloberfläche von den Stützkreisradien

Damit kommen wir zu einer zweiten Aufgabe für die Anwendung der Mathematik in der Technik: Berechnung der Dimensionierung von technischen Bauteilen. Dies dürfte wohl die umfangreichste und auf allen technischen Gebieten am stärksten vertretene Anwendung der Mathematik in der Technik sein. Daß sie nun auch beim Astro-Großgerätebau im Vordergrund steht, ist verständlich, wenn man an das Gewicht eines solchen Teleskops (70000 kp) denkt. Und doch ist das Endziel ein anderes als im Maschinenbau. Im Astro-Großgerätebau interessieren die winzigen Verformungen weit *überdimensionierter* Bauteile.

Auf Grund der Erfahrungen im Astro-Großgerätebau ist bekannt, daß große Teleskopspiegel, etwa ab 1,8 m Durchmesser, nicht mehr genügend Steifheit haben, um ihr Eigengewicht zu tragen, wenn sie nur auf der Rückseite und mit dem zylindrischen Außenrand in der Fassung zur Auflage kommen. Die durch Eigengewicht hervorgerufenen Verformungen übersteigen dann bereits die für die optische Fläche zulässigen Grenzen. Der Spiegel muß in seiner

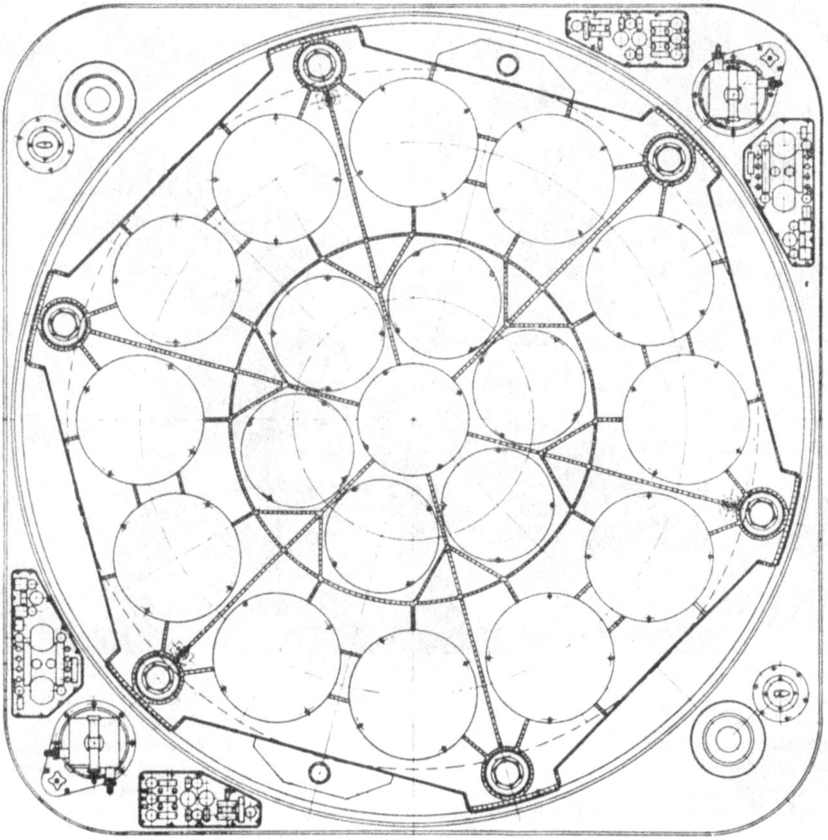

Abb. 4. Blick auf die Spiegelfassung am Teleskoprohr

Schwereebene an mehreren Punkten entlastet werden. Im Konstruktionsbüro wurde eine Spiegelfassung entwickelt, die 18 Entlastungssysteme trägt. Diese Systeme greifen in Bohrungen auf der Rückseite des Spiegelglasblockes und übernehmen je $^1/_{18}$ des Spiegelgewichtes, ohne führend oder lagebestimmend zu wirken. Dieser Entwurf der Lagerung des Hauptspiegels bedarf nun noch der genauen mathematischen Untersuchung.

Um den Zeitaufwand für die Berechnungen in wirtschaftlich vertretbaren Grenzen zu halten, werden folgende Vereinfachungen vorgenommen: Für die wahre Spiegeldicke wird wegen der Verminderung ihrer Steifheit durch die 18 Bohrungen auf der Rückseite eine Ersatzdicke h eingeführt und weiterhin angenommen, daß die sphärische Fläche sich bis an den Außendurchmesser erstreckt. (In Wirklichkeit ist eine 30 mm breite Planfläche am Rande vorgesehen, der Spiegel also 2080 mm im Durchmesser.) Wie empfindlich der Spiegel auf eine kleine Veränderung der Stützkreisradien reagiert, ist aus der Kurvenschar von Abb. 3 zu ersehen.

1. Rohrverschluß
2. Korrektionsplatte
3. Kassetteneinfahr-Vorrichtung
4. Kassettenhaltekreuz
5. Tür zum Kassetteneinlegen
6. Haltekreuz für Korrekt.-System bzw. CASSEGRAIN- oder COUDÉ-Gegenspiegel
7. Kompensationsstangen
8. Hauptspiegel
9. Entlastungssystem
10. Pointierungsokularkopf
11. Bedienungsschaltpult
12. Strahlengang zum COUDÉ-Fokus

Abb. 5. Handzeichnung des Teleskops mit Einblicken in den inneren Aufbau

Durch die Verbesserung der vom Konstrukteur vorgesehenen Stützkreisradien ist die maximale Neigung an der Oberfläche des Spiegels auf nur $0{,}05 \cdot 10^{-6}$ zurückgegangen (Abb. 4).

Was bedeutet dieses Ergebnis? Eine Spiegelglasplatte von 2 m Durchmesser und 32 cm Dicke, die so stabil ist, daß man sie als „Fenster" an einem Hochdruckkessel verwenden könnte, ohne befürchten zu müssen, daß sie dem Druck nicht standhält, verbiegt sich unter der Wirkung ihres Eigengewichtes sicher sehr wenig. Dennoch ist es unerläßlich, sie an 18 günstig verteilten Punkten ihrer Schwereebene so zu unterstützen, daß ihr Eigengewicht nur mit je $^1/_{18}$ an den Tragelementen wirksam werden kann. Erst dann ist die Aufrechterhaltung der sphärischen Gestalt der optischen Fläche in allen Gebrauchslagen des Spiegels gewährleistet. Ihn „schwimmend zu lagern" ist der treffendste Ausdruck dafür.

Die Toleranzrechnungen für die Einhaltung der gegenseitigen Stellung der optischen Bauteile ergaben Werte, die dem Konstrukteur viel Kopfschmerzen bereiteten. So muß die photographische Platte (24 × 24 cm) bei Benutzung der Schmidt-Anordnung auf ± 0,02 mm genau die richtige Lage im Fokus des optischen Systems einhalten, unabhängig von der Stellung des Teleskops oder der augenblicklich herrschenden Temperatur. Senkrecht zur optischen Achse muß ein Wert von ± 0,01 mm eingehalten werden. Das Teleskoprohr ist etwa

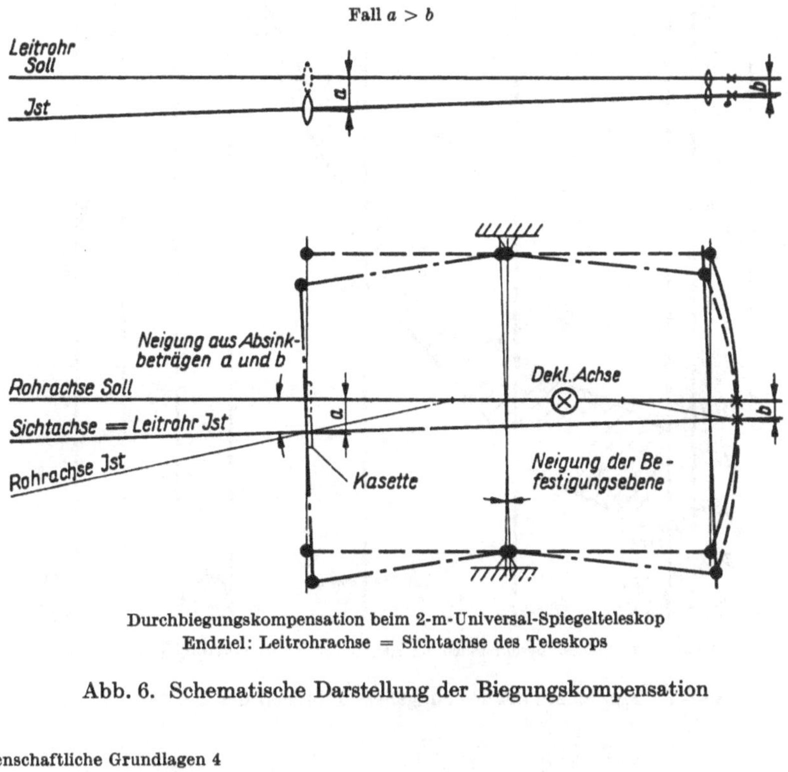

Durchbiegungskompensation beim 2-m-Universal-Spiegelteleskop
Endziel: Leitrohrachse = Sichtachse des Teleskops

Abb. 6. Schematische Darstellung der Biegungskompensation

10 m lang, trägt am unteren Ende den Spiegel in seiner Entlastungsfassung mit 6000 kp Gewicht, in der Mitte das Haltekreuz für die Fokussierungseinrichtung und Halterung der photographischen Platte, ungefähr 200 kp Gewicht, und am vorderen, dem Sternenhimmel zugewandten Ende die Korrektionsplatte in ihrer temperaturkompensierten Fassung mit etwa 300 kp Gewicht (Abb. 5).

Einfache Überschlagsrechnungen ergeben, daß sich der Rohrkörper gar nicht so steif bauen läßt, daß die errechneten Toleranzen eingehalten werden. Es muß ein Kompensationssystem ausgedacht und berechnet werden. Die optischen Teile bzw. ihre Tragkörper sind beweglich gelagert und durch Stangen miteinander verbunden. Diese Stangen müssen, um die optischen Teile in der richtigen Stellung zueinander zu halten, in einer durch möglichst genaue Berechnung ermittelten Querschnittsebene des Rohrkörpers an diesem festgehalten werden (Abb. 6).

Verlauf der Neigung (η')

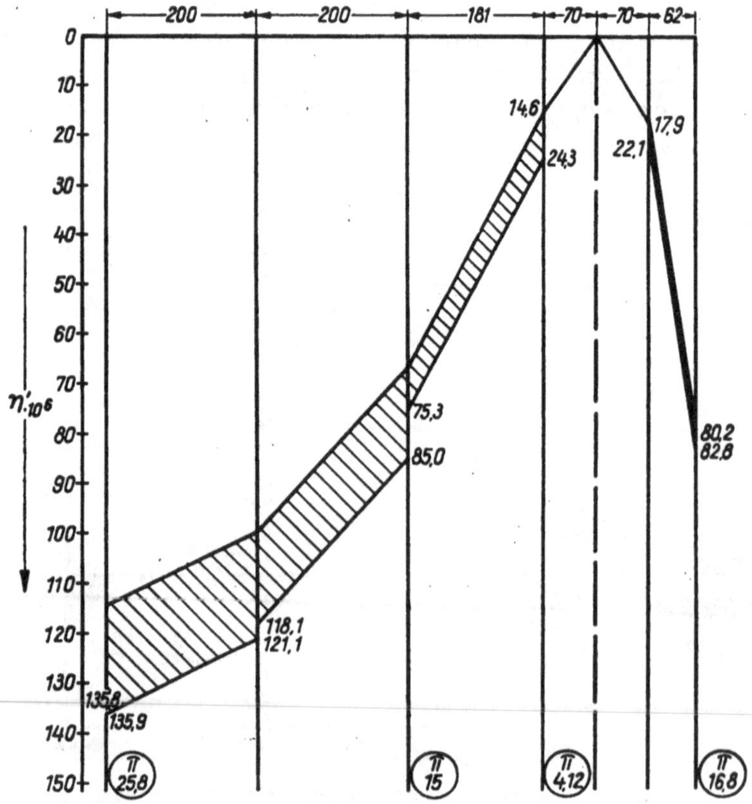

Schraffierte Fläche: Streubereich der Neigung infolge der Flanschverbindung

Abb. 7. Ergebnisse der Neigungsberechnungen des Teleskoprohres

Dazu müssen die Verformungen des Rohrkörpers durch Eigengewicht und Gewicht der Einbauteile und die Neigungen der Querschnittsflächen zu der durch die Lagerung des Rohrkörpers in der großen Traggabel gehenden Hauptquerschnittsfläche rechnerisch ermittelt werden (Abb. 7).

Die vom Konstrukteur festgelegte Gestalt und Aufbauform des außen quadratischen und innen vieleckigen Rohrkörpers ist also einer eingehenden rechnerischen Überprüfung zu unterziehen.

Die rechnerischen Ergebnisse sind aus den Diagrammen über Belastung und Verformung (Abb. 7 und 8) zu ersehen. Die erreichten Werte für a und b (s. Abb. 6) sind: $a = 126$ μm; $b = 59{,}1$ μm. Daraus ergibt sich eine Neigung der Sichtlinie des Leitrohres von 3,6″. Die Mitten des Hauptspiegels und der Kassette, miteinander verbunden, haben die gleiche Neigung (konstruktiv bedingt). Aufgabe der Abstandsstangen ist es nun, den Hauptspiegel in seiner Entlastungslagerung so zu kippen, daß seine optische Achse durch die Kassettenmitte geht, also mit der Sollsichtlinie zusammenfällt. Dasselbe gilt für das in Bändern hängende Kassettenhaltekreuz, dessen optische Achse (Lot auf der Mitte der Photoplatte) durch die Hauptspiegelmitte gehen muß. Um die

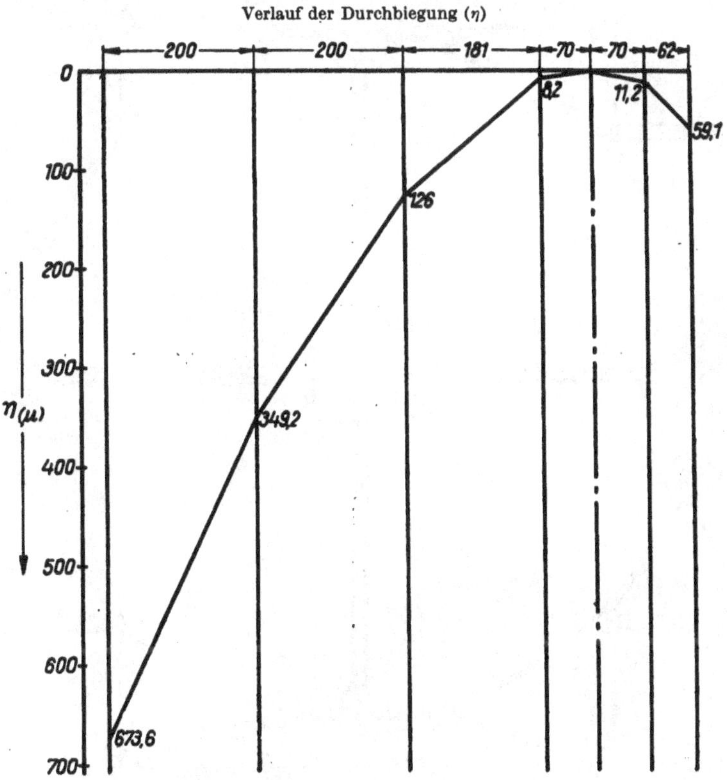

Abb. 8. Ergebnisse der Durchbiegungsberechnung des Teleskoprohres

Kippung dieser Baugruppen zu erreichen, müssen die Abstandsstangen an einer Querschnittfläche des Rohrkörpers festgehalten werden, wo eine Neigung vorhanden ist, die gleich der Neigung der Leitrohrachse ist (Abb. 8).

Wenn es nun noch gelingt, das Haltekreuz mit der Fokussierungseinrichtung und dem Kassettenträger so zu gestalten, daß es gegenüber der Querschnittsfläche, an welcher es befestigt ist, keine Verlagerungen durch Schwerkraft zeigt, kann die Aufgabe als gelöst betrachtet werden. Da die Toleranzen in der zur optischen Achse senkrechten Richtung noch kleiner sind als die in der optischen Achse, ist äußerste Vorsicht geboten. Der Querschnitt des Rohrkörpers an dieser Stelle ist wiederum rechnerisch kritisch zu untersuchen. Überall zeigen sich unzulässige Weichheiten (Abb. 9).

Die Querverbände der Rohrwand jeweils zwischen den beiden Eckverbänden, in deren Mitte das Haltekreuz angeschlossen wird, erleiden unter der Wirkung des Gewichtes des Haltekreuzes Verformungen in der Größenordnung von 0,06 mm.

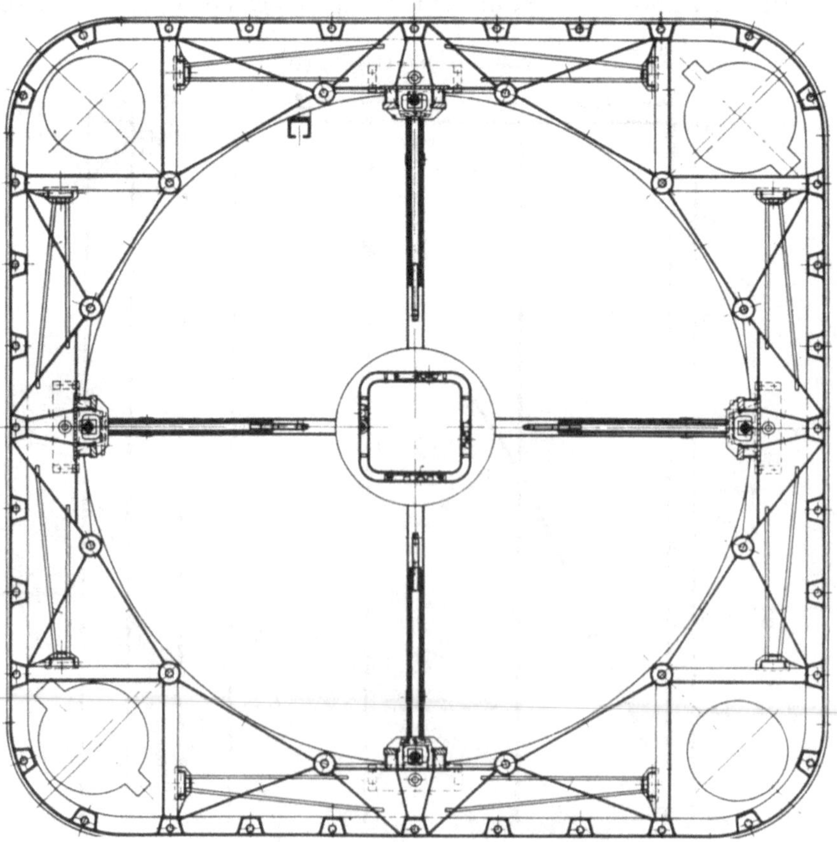

Abb. 9. Querschnitt durch den Rohrkörper bei der Befestigungswand des Haltekreuzes

Ein günstiger Ausweg ist eine 12fache Entlastung. Die vom Haltekreuz in die Rohrwand übergeleiteten Kräfte sind durch Gegenkräfte auszugleichen, deren Abstützungen in den äußerst stabilen Eckverbänden des Rohrkörpers liegen, wo sich ja auch die Leitrohrobjektive befinden. An jeder Ecke sind zwei derartige Entlastungen mit senkrecht aufeinanderstehender Wirkungsrichtung vorhanden, so daß für alle Lagen des Rohrkörpers im Raum für eine vollständige Übernahme der Kräfte vom Haltekreuz und sogar vom Eigengewicht des betreffenden Rohrkörperabschnitts in die Eckverbände gesorgt ist. In

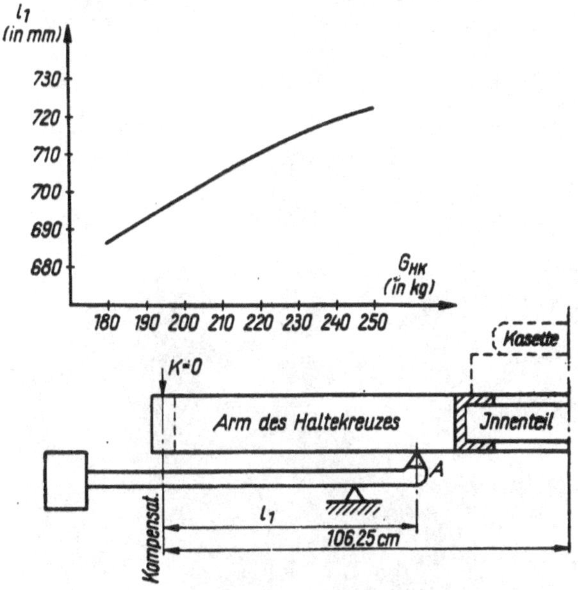

Abb. 10.
Montage-Diagramm zur Festlegung des Angriffspunktes der Entlastung
(Abhängigkeit der Unterstützungslinie l_1 vom Gewicht des Haltekreuzes)

axialer Richtung muß die innere Weichheit des Haltekreuzes ebenfalls durch Entlastung unschädlich gemacht werden. An jedem der vier Arme werden Unterstützungskräfte der richtigen Größe an der richtigen Stelle eingeleitet (s. Abb. 2). Da die „richtige Stelle", wie die Berechnung zeigt, sehr genau eingehalten werden muß und abhängig vom Gewicht des Zentralkörpers ist, vermittelt ein errechnetes Diagramm die Abhängigkeit zwischen dem Abstandsmaß für die „richtige Stelle" und dem Gewicht des Zentralkörpers (Abb. 10). Es ist so gehalten, daß es für den Monteur leicht ist, mit dem auf einer Waage festgestellten Gewicht der fertig montierten Einheit mit Hilfe des Diagrammes das Abstandsmaß für die „richtige Stelle" zu ermitteln und dort die Bohrung für den Entlastungszapfen anzubringen.

Hand in Hand mit den Bemühungen um eine einwandfreie Gestaltung des Rohrkörpers mit seinen hochempfindlichen Optik-Baugruppen muß das Streben nach einer hervorragenden Lagerung des Teleskops in seinen Achsen gehen. Besonders die Stundenachsenlagerung, in der sich das ganze Teleskop

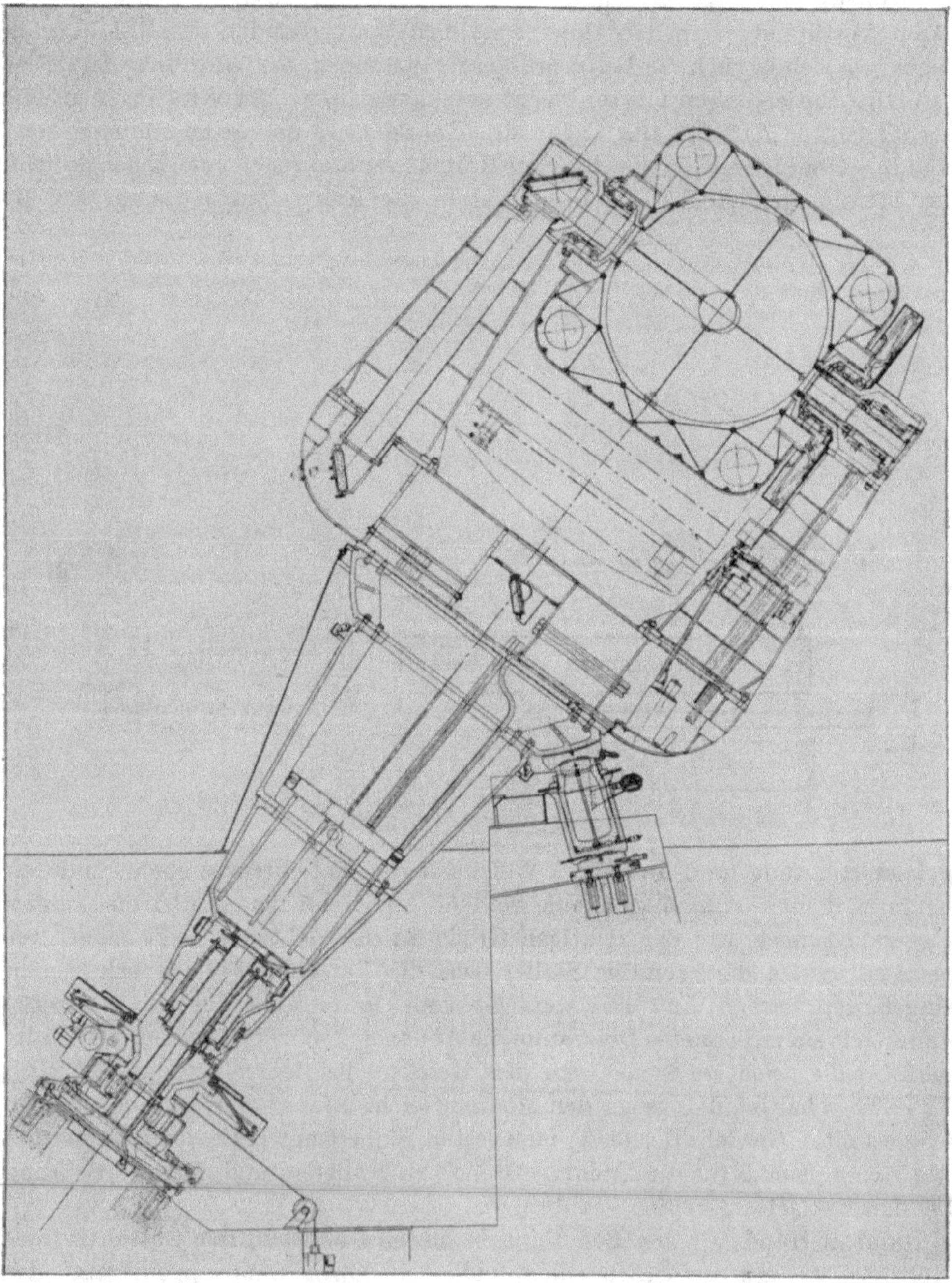

Abb. 11. Querschnitt durch Stundenachse, Lagergabel und Teleskoprohr

mit seiner Traggabel drehen muß, stellt hohe Ansprüche an Reibungsfreiheit und Starrheit. Sind es im Maschinenbau die hohen Drehzahlen, die dem Konstrukteur Sorge bereiten, so sind es im Astro-Gerätebau die schleichenden Bewegungen von einer Umdrehung in 24 Stunden, die mit einer Genauigkeit von $\pm 5 \cdot 10^{-5}$ erfolgen müssen.

Da große Wälzlager bei Belastungen von über 100000 kp, wie sie an der Stundenachse auftreten würden, bereits erhebliche Reibkräfte entwickeln, die wegen der Langsamkeit der Drehung starken kurzperiodischen Schwankungen unterworfen sind, hat man sich für eine Drucköllagerung entschieden. Da diese Drucköllagerung selbst bei höchsten Belastungen außerordentlich niedrige Reibungskräfte (etwa $1 \cdot 10^{-5}$) entwickelt und besonders bei feinsten Bewegungen ihre Vorteile zeigt, ist es zweckmäßig, in diesem Lager die Gesamtlast des Teleskops mit seiner Lagergabel aufzunehmen und dem zweiten, die Richtung der Stundenachse bestimmenden Lager nur Führungsaufgabe zu überlassen (Abb. 11).

Eine ganze Reihe von Fragen steht sofort vor dem Konstrukteur, wenn er den Entwurf der Lagerung beginnen will. Auch manche Frage grundsätzlicher Art. Wie groß soll man die Druckflächen (Ölkammern) wählen, wie stark den Ölfilm, wieviel Öl wird in jeder Minute fließen, welche Ölart wird sich gut eignen, mit welcher Druckabnahme in den Zuleitungen ist zu rechnen, wie stark wird sich das Öl erwärmen, welche Toleranzen in der Dicke des Ölfilmes rund um ein Kissen sind zulässig? Alles Fragen, auf die nur eine mathematische Durcharbeitung der Probleme Antwort geben kann. Fragen, die rein theoretisch so gut entschieden werden müssen, daß an keiner Stelle ein Versagen auftreten kann, da das erste damit aufgebaute Gerät sofort alle geforderten Bedingungen erfüllen muß. Hier gibt es keinen Funktionsmusterbau und keinen geeigneten Modellversuch (Abb. 12).

Bei näherer Betrachtung der logischen Zusammenhänge zwischen den aufgeworfenen Fragen ergibt sich die Notwendigkeit, die ersten Dimensionierungen durch den Entwurf festzulegen. So bilden die gewählte Ölkammergröße, die der zu erwartenden Oberflächengüte angepaßte Ölfilmdicke und die wegen Temperaturabhängigkeit gewählte Ölsorte die Grundlage der nun erst durchführbaren mathematischen Berechnungen. Aus der Ölkammergröße folgt zwangsläufig der Öldruck, der der Lagerbelastung das Gleichgewicht hält. Daraus ergibt sich rückwirkend der Vorkammerdruck aus der Tendenz optimaler Rückwirkungsfreiheit zwischen den je vier Ölkammern der Lagerung und ihrer gemeinsamen Vorkammer. Aus Länge und Querschnitt der Zuleitungen von dem Beruhigungs-Druckgefäß zu den Vorkammern einschließlich der Wirkung der Drosseln läßt sich der Öldruck in dem zentralen Druckgefäß errechnen.

Es folgt ein äußerst wichtiger Punkt der Arbeit im Entwicklungsbüro: die Gewichts- und Schwerpunktsberechnung. Wie bereits erwähnt, ist das

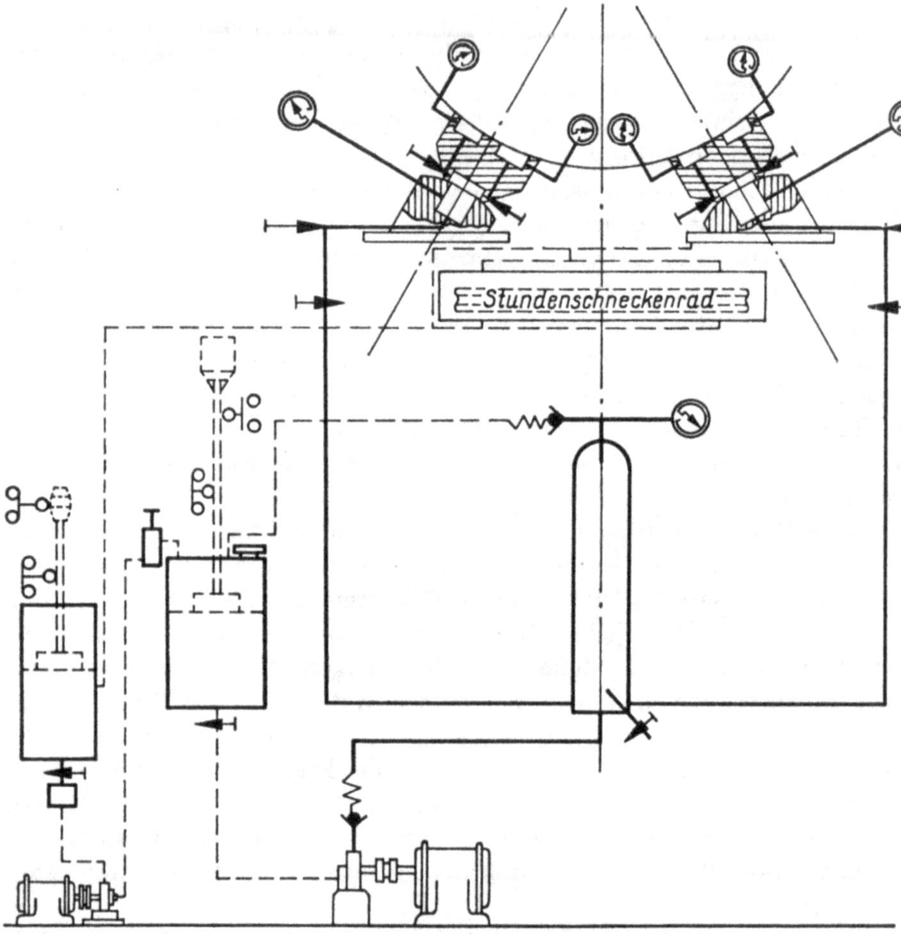

Abb. 12. Schema der Drucköllagerung und Druckölversorgung

Teleskop samt seiner Lagergabel und der Stundenachse so konstruiert, daß sein Gesamtschwerpunkt senkrecht über der Drucköllagerung liegt. Diese ist ebenfalls so konstruiert, daß sie nur senkrechte Kräfte aufnehmen kann. Bei der Festlegung der Hauptmaße des Teleskops, der Dimensionierung der Lagergabel und der Stundenachse sind die Gewichte der einzelnen Baugruppen, damit also auch die Lage des Schwerpunktes, noch unbekannt. Dennoch sieht der Entwurf bereits eine eindeutige Lage des Schwerpunktes vor. Der Entwerfer muß ein so sicheres Gefühl für die zu erwartenden Gewichte der einzelnen Baugruppen haben, daß der Entwurf im Laufe der fortschreitenden Konstruktion keine nennenswerten Änderungen mehr erfährt. Eine laufende Überprüfung der geschätzten Gewichte mit den nach Beendigung der Konstruktion jeder Baugruppe errechneten muß unbedingt durchgeführt werden, um rechtzeitig eingreifen zu können. Hierbei ist zu beachten, daß 1 cm Falschlage des Gesamtschwerpunktes ein Drehmoment von 700 kpm erzeugt und damit zur Unbrauchbarkeit des Teleskops führt. Bei der Gesamtzahl von 8000 konstruierten Einzelteilen läßt sich unschwer der Aufwand an Rechenarbeit im Entwicklungsbüro abschätzen, den allein dieser eine Gesichtspunkt kostet. Auch hier wird wieder der Vergleich der Berechnungen mit dem praktischen Endergebnis interessieren: Um den Schwerpunkt des in sich ausbalancierten Teleskoprohres mit der Lagergabel und Stundenachse in die Rotationsachse zu bringen, war eine Last von 200 kp exzentrisch im Abstand von 1,8 m von der Achse anzubringen. Das entspricht einer Fehlerhaftigkeit der errechneten Schwerpunktlage von 5 mm. Über die erreichte Übereinstimmung zwischen dem Soll- und dem Ist-Schwerpunkt in Richtung der Rotationsachse läßt sich nur mittelbar etwas sagen. Dieser Fehler erzeugt linear proportional zunehmende Belastung des führenden Südlagers der Stundenachse. Dieses Südlager ist mittels Stellschrauben in Höhe und Seite zum Zwecke der Justierung der Achslage parallel zur Erdachse von Hand verstellbar. Die Leichtgängigkeit der Stellschrauben in allen Verstellrichtungen ist ein Beweis für die hinreichend genaue Übereinstimmung zwischen Soll- und Ist-Schwerpunkt.

Es bedarf wohl keiner besonderen Erläuterung, daß der gesamte Einsatz der Mathematik in der Form von Stabilitätsberechnungen, wärmetechnischen Berechnungen, Leistungs- und Wirkungsgradberechnungen sowie Toleranzrechnungen weit über den bisher mitgeteilten Umfang hinausgeht.

Von größerem Allgemeininteresse aber dürfte die Tatsache sein, daß in der Beurteilung der Konstruktion, Fertigung und Prüfung solcher Astro-Großgeräte weitere umfangreiche mathematische Untersuchungen notwendig sind.

In chronologisch richtiger Reihenfolge sind zuerst die mathematischen Überprüfungen des Ergebnisses der abgeschlossenen Konstruktion zu behandeln. Sie beziehen sich in erster Linie auf Elastizitätsberechnungen und Funktionsberechnungen. Besonders bedarf das Zusammenwirken der konstruktiv fertig durchgearbeiteten Baugruppen im ganzen Teleskop einer Elastizitätskontrolle und einer daraus abgeleiteten Ermittlung der restlichen Funktionsfehler. Das Beispiel der Durchrechnung der Lagekonstanz des ortsfesten Fokus bei der Coudé-Anordnung mit einer Äquivalentbrennweite von 92 m zeigt den Sinn dieser Nachrechnungen am deutlichsten. Über vier Planablenkspiegel (s. Abb. 11) wird der Strahlengang in die Hauptdrehachse des Teleskops (Stundenachse) umgelenkt. Jeder der vier Ablenkspiegel erleidet elastische Verkippungen infolge der stetig sich verändernden Lage dieser Spiegel zur Wirkungsrichtung der Schwerkraft. Jeder liefert also einen Anteil zur fehlerhaften Abwanderung des Fokusortes während der langzeitigen astronomischen Arbeiten. Die Durchführung dieser Rechnung ist nur durch Zerlegung in Teilaufgaben möglich.

Das Ergebnis — eine nahezu kreisförmige Bewegung des Fokus mit einem Radius von 3 mm bei einer Drehung des Gerätes um 360° — wird aus astronomischen Gesichtspunkten für harmlos gehalten und deshalb nicht beanstandet, weil es eine Gesamtabweichung von nur 6″ darstellt und erst während der nur selten vorkommenden ununterbrochenen Beobachtungsdauer von 12 Stunden voll wirksam wird.

Ähnliche kontrollierende Nachrechnungen beziehen sich auf die Starrheit der Drucköllagerung, die mit den ermittelten Werten von 0,001 mm Verlagerung der Stundenachse bei 1000 kp horizontaler Störkraft bzw. 1400 kp vertikaler Zusatzlast oder Lastverminderung überraschend günstig liegt.

Auch die Lagekonstanz der Basis (Gabelholm) für den Bezugspunkt der elektrischen Positionsfernanzeige in Deklination ist entscheidend für die Anzeigegenauigkeit. Die ermittelten Fehler liegen mit $\pm 14''$ unter der Hälfte der geforderten Ablesegenauigkeit.

Um die Spielfreiheit der Pendelkugellager der Deklinationsachse bei allen Belastungsrichtungen zu garantieren und damit zu sichern, daß stets beide Gabelholme das Gerät tragen, sind die Lager in sich vorgespannt (s. Abb. 11).

Die Vorspannung wird durch das Abschleifen eines bereits während der Fertigung der Lagerringe eingesetzten Zwischenringes erreicht. Der Abschleifbetrag ist ebenfalls als rein theoretisch ermittelter Wert anzusehen. Eine Kontrolle des Endergebnisses ist durch direkte Messung nicht erreichbar. Eine mathematische Durchrechnung der Reibverhältnisse in einem derartig vorgespannten Pendellager unter Verwendung der elastischen Verschiebung nach Palmgren ergibt in dem daraus abgeleiteten Drehmoment des montierten Lagers eine Möglichkeit der Kontrolle. Der Sollwert der Vorspannung von 4500 kp ist mit 4100 kp Istwert genügend genau verwirklicht.

Bei einem Astro-Großgerät läuft die Fertigung bereits, wenn manche Baugruppen noch nicht konstruiert sind. So müssen gleichzeitig mit den Berechnungen für die Präzisierung der Aufgabenstellung, für die Dimensionierung der Bauteile und für die Beurteilung der Konstruktion auch diejenigen Berechnungen durchgeführt werden, die die technologischen Probleme lösen helfen.

Neben den Berechnungen für die Gemengeverhältnisse bei der Herstellung der Glasschmelze im VEB Jenaer Glaswerk „Schott & Genossen" mußte der Verlauf der Kühlung exakt berechnet vorliegen, ehe der Guß erfolgte. Die Tendenz dieser Rechnung ist, durch richtigen Kühlverlauf symmetrische Spannungen in dem Glasblock zu erzeugen, die eine bestimmte, der späteren Bearbeitung und Standfestigkeit nützliche Größenordnung haben, aber dennoch nicht in den Bereich gefährlicher Spannungen ansteigen, wenn die Traglöcher für die Entlastungssysteme in die Rückseite des Glasblockes gebohrt werden. Dazu ist die mathematische Untersuchung der bei dem Bohrprozeß auftretenden Spannungen besonders wichtig. Sie gestattet die Festlegung der Technologie des Bohrprozesses unter dem Gesichtspunkt der Vermeidung kritischer Spannungsspitzen.

Besonders interessant aber ist die mathematische Vorausberechnung und Festlegung der Technologie der Herstellung der Korrektionsplatte für das SCHMIDT-System. Die optischen Rechnungen fordern eine optisch wirksame Glasplatte im Krümmungsmittelpunkt des Hauptspiegels mit entgegengesetzten Brechkräften in den äußeren und inneren Flächenanteilen. Die zu diesem Zwecke zu erzeugende Fläche muß im Querschnitt folgendes Profil haben:

$$y = \frac{x^2}{2R_0} + 2{,}31443 \left(\frac{x^2}{2R_0}\right)^2 - 0{,}08670 \left(\frac{x^2}{2R_0}\right)^3 \quad \text{mit } R_0 = -790590 \text{ mm}$$

(Abb. 13 oben).

Das bisher günstigste Verfahren ist das Vakuumverfahren des Erfinders des „SCHMIDT-Systems“. Die auf der Oberseite bereits mit einer aus der Berechnung sich ergebenden sphärischen Fläche mit 228 m Radius versehene

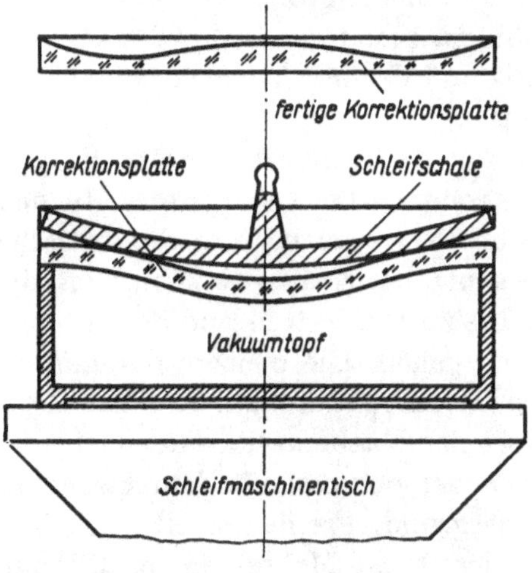

Abb. 13.
Das SCHMIDTsche Verfahren zur Herstellung der Korrektionsplatte

Korrektionsplatte wird am Rande auf einem völlig ringsymmetrisch aufgebauten vakuumdichten Topf aufgelegt und dichtet diesen damit völlig ab. Nunmehr wird die Luft aus dem Topf abgesaugt, bis ein ebenfalls aus der Rechnung ersichtlicher Unterdruck erreicht ist. Die nun nach unten durchgebogene Glasplatte (Pfeilhöhe 0,9 mm) wird mit einer Schleifschale, deren Sphäre ebenfalls durch die Rechnung festgelegt ist (Abb. 13 unten), so lange geschliffen, bis die anfänglich ringförmige Schleiffläche sich bis in die Mitte und an den Rand verbreitert hat. Bei richtiger Rechnung und richtiger Durchführung der Arbeit geschieht das gleichzeitig. Die nachfolgende Politur muß unter den gleichen Bedingungen stattfinden. Die nach diesem Prozeß vom

Vakuumtopf abgenommene Platte bedarf nur noch feiner Korrekturen, um im Prüfstand der optischen Kontrolle im Zusammenwirken mit dem Hauptspiegel standhalten zu können.

Auch bei den Arbeiten, die der Praktiker bisher allein durchführte, bahnt sich eine zunehmende Inanspruchnahme mathematischer Berechnungen an. Als typisches Beispiel hierfür kann die Arbeit an den überdeformierten hyperbolischen Gegenspiegeln der CASSEGRAIN- und COUDÉ-Systeme des 2-m-Universal-Spiegelteleskops angesehen werden. Bei starken Deformationsarbeiten bilden sich als unvermeidliche Folge erst einmal starke Zonen, die durch mühevolle Nachbearbeitung jeder Zone einzeln allmählich beseitigt werden. Die Festlegung der einzelnen Arbeitsgänge geschieht durch Abschätzung der optischen Wirksamkeit der Zonen und des zu deren Beseitigung nötigen Arbeitsaufwandes. Aus der erfahrungsgemäß notwendigen Vorsicht heraus müssen sehr oft erneute optische Prüfungen eingeschoben werden. Es bedeutet deshalb eine starke Abkürzung der Arbeitszeit und Verbesserung des Endergebnisses, wenn durch Rechnungen, die nach jeder Prüfung und Messung der vorhandenen Zonenfehler eingeschoben werden, genau ermittelt werden kann, an welcher Stelle mit welcher Schalengröße wie lange nachgearbeitet werden muß, um den Fehler völlig zu beseitigen.

Diese Art der Zusammenarbeit der Praxis und der Mathematik hat in dem beschriebenen Falle zu vollem Erfolg geführt.

Der Abschluß dieser Arbeiten ist gleichzeitig der Beginn der letzten Etappe des Einsatzes der Mathematik beim Bau astronomischer Großgeräte. Mit den Prüfungen der fertigen optischen Systeme im Prüfraum beginnt die kritische Betrachtung des Geschaffenen durch einen neutralen Kreis von Menschen, die bisher mit diesem Werk wenig oder gar nichts zu tun hatten und deshalb mit ungestörter Objektivität an die Überprüfung gehen. Die meisten der nun an der fertigen Optik und später am fertigen Teleskop durchzuführenden Prüfungen erfolgen ohne nennenswerten Einsatz der Mathematik. Hier steht die Praxis des Messens und Vergleichens der Meßergebnisse mit dem bisher an anderen Stellen erreichten Niveau im Vordergrund. Freilich spielt auch hier die Mathematik noch eine gewisse Rolle, indem lange Meßreihen zur Bildung mittlerer Fehler rechnerisch bearbeitet werden.

Eine Ausnahmestellung nimmt die außerordentlich aufschlußreiche Ermittlung des *Durchstoß-Diagrammes* mit Hilfe der HARTMANN-Aufnahmen ein. Grundlage dafür sind zwei Prüfaufnahmen, die von einem natürlichen Stern oder einem künstlichen Stern in großer Entfernung angefertigt werden. Während dieser Aufnahmen ist der Spiegel durch eine Scheibe abgedeckt, in welcher sich in symmetrischer Anordnung eine größere Zahl von kreisrunden Bohrungen gleichen Durchmessers befindet.

Von den beiden Aufnahmen wird die eine intrafokal und die andere möglichst im gleichen Abstand vom Fokus extrafokal eingestellt. Die beiden Negative

(Abb. 14) zeigen nun fast gleiche verkleinerte Abbildungen der Blende am Spiegel. Die Ausmessung der Negative unter einem Meßmikroskop oder mit dem Koordinatenmeßgerät liefert für jeden Punkt (äquivalent mit dem betreffenden Loch in der Blende) zwei Koordinatenangaben. Ob rechtwinklige oder Polarkoordinaten, ist im wesentlichen gleichgültig. Nun werden auf analytischem Wege die Gleichungen der Geraden aufgestellt, die die jeweils vom gleichen Loch in der Blende stammenden Bildpunkte der extra- und intrafokalen Aufnahme verbinden. An der Stelle, wo die meisten derartigen Geraden den geringsten Abstand zur Mittellinie haben, denkt man sich eine senkrecht zur Mittellinie stehende Ebene und berechnet für jede Gerade die Koordinaten des Durchstoßungspunktes.

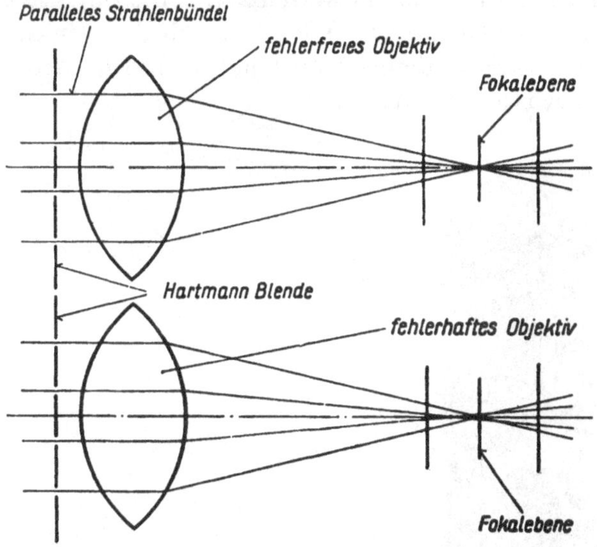

Abb. 14.
Die Prüfmethode nach Hartmann

Mit dieser Methode und all ihren naheliegenden Abwandlungen und Erweiterungen läßt sich mit unbestechlicher Deutlichkeit die Güte der Abbildungsoptik feststellen, kritisieren und mit den entsprechenden Ergebnissen der theoretischen Berechnung vergleichen.

Zusammenfassend kann man die Anwendung der Mathematik bei dem Bau astronomischer Großgeräte in 5 Gruppen aufteilen:

1. Berechnungen zur Präzisierung der Aufgabenstellung,
2. Dimensionierungsberechnungen von Baugruppen und Einzelteilen,
3. Ermittlung der zu erwartenden Funktionsgüte des Endergebnisses,
4. Mathematik als Helfer bei technologischen Problemen,
5. Objektivität bei der Prüfung des fertigen Gerätes durch Anwendung mathematischer Methoden.

Der Hunderte von Berechnungen und mathematischen Ableitungen umfassende Gesamtaufwand bei Entwurf, Konstruktion und Bau des 2-m-Universal-Spiegelteleskops, dessen Einzelrechnungen zum Teil sehr hohes Niveau haben, enthält Arbeiten aus den Gebieten der Elastizitäts- und Stabilitätsberechnungen, Schwingungs-, Leistungs- und Funktionsrechnungen, Optik- und Toleranzrechnungen sowie die Behandlung hydrodynamischer und thermoelastischer Probleme. Es folgen Berechnungen aus dem Stahlhochbau und dem Schwermaschinenbau, Schaffung der Unterlagen für Beurteilungen durch die Arbeits-Sicherheits-Behörden, Berechnungen aus dem Gebiet der Aufzugs- und Fördertechnik, der Elektroinstallation und der Technologie.

Ein Jahr der technischen und astronomischen Erprobung des Gerätes liegt hinter uns. Im Abschlußbericht des VEB Carl Zeiss Jena wird die objektive Kritik des Erreichten ihren Niederschlag finden und zeigen, ob der Einsatz der Mathematik Hand in Hand mit einer sinnvollen Konstruktion und gewissenhaften Fertigung den Erfolg sichern konnte (Abb. 15).

Abb. 15.
Das 2-m-Universal-Spiegelteleskop des Karl-Schwarzschild-Observatoriums in Tautenburg

Akademiemitglied Prof. Dr. Kurt Schröder

SCHLUSSWORT

Ich habe den Eindruck, daß diese Vortragsreihe den Wünschen vieler Vertreter der Technik und der Forschung in der Deutschen Demokratischen Republik entsprach. Wir können erfreut feststellen, wie stark das Interesse ist und welche Fortschritte wir in den letzten Jahren in unserer Republik beim Einsatz moderner mathematischer Methoden in der Produktion und allgemein in der Technik erreicht haben. Viele Kollegen, die die Vorträge, insbesondere die des ersten Tages, über den Einsatz der Mathematik bei den Produktionsvorgängen in der Wirtschaft unseres Staates gehört haben, werden, selbst wenn sie keine Fachmathematiker sind, eine Vorstellung davon bekommen haben, welche große Hilfe im gesamten wirtschaftlichen Geschehen ein sinnvoller und intensiver Einsatz mathematischer Methoden darstellt.

Sehr klar ist zum Ausdruck gekommen, daß moderne Methoden erst dann mit vollem Erfolg angewandt werden können, wenn die zugehörigen modernen Rechengeräte — seien es Analogiegeräte oder Digitalgeräte — eingesetzt werden, weil ein großer Rechenaufwand erforderlich ist. Wenn die erste Serie des Zeiss-Rechenautomaten ZRA 1 an verschiedenen Stellen unserer Industrie und Forschung voll in Betrieb ist, werden wir noch schneller vorankommen.

Erfreut konnten wir feststellen, daß wir bereits in den verschiedensten Institutionen, an die gewiß mancher gar nicht dachte — erinnert sei nur an den Vortrag über die Energiewirtschaft —, schon beachtliche Fortschritte erreichten.

Ich glaube, manchen Industriestellen wird die Vortragsreihe einen Anstoß geben, sich noch viel mehr, als das bisher geschehen ist, um den Einsatz von Mathematikern in der Industrie zu bemühen. Der Impuls muß von beiden Seiten kommen, von seiten der Mathematiker und von seiten der Industrie. Die Mathematiker müssen, wie das hier in manchen Diskussionsbemerkungen zum Ausdruck kam, aufgeschlossen in die Produktionsstätten gehen und dürfen nicht darauf warten, daß ihnen fertige Probleme, die bereits auf den Mathematiker zugeschnitten sind, überreicht werden, um sie am Schreibtisch zu lösen. Erforderlich ist vielmehr eine Bereitschaft des Mathematikers, die Probleme der Industrie zu erkennen und sich in die Denkweise des Ingenieurs zu vertiefen.

Als Schlußfolgerung aus dem ersten Teil unserer Konferenz schlage ich vor — und ich werde diesen Vorschlag der Leitung der Deutschen Akademie der Wissenschaften zu Berlin unterbreiten —, daß wir — wie bei der Einführung der statistischen Qualitätskontrolle — eine Kommission der Akademie bilden, die sich speziell mit den Fragen der Linearprogrammierung beschäftigen wird. Wir sind uns dabei bewußt, daß das nicht nur die Mathematiker angeht, sondern daß an dieser Gemeinschaftsarbeit auch von vornherein Ingenieure und Wirtschaftswissenschaftler beteiligt werden müssen. Es gibt schon entsprechende Bemühungen auch von seiten der Wirtschaftswissenschaften. Ich glaube, es kann aber nichts schaden, wenn wir einen kleinen mehr mathematisch orientierten Kreis haben, der sich mit der Entwicklung und der Einführung der neuen Methoden befaßt.

Sehr gut kam in den Vorträgen zum Ausdruck, daß auch auf klassischen Gebieten die Entwicklung neuer mathematischer Methoden nach wie vor von großer Bedeutung ist.

Es ist der Wunsch geäußert worden, und die Veranstalter hatten auch von vornherein die Absicht, die Vorträge dieser Reihe in einer kleinen Publikation herauszugeben. Das wird einmal aus dem Grunde vorteilhaft sein, daß bei den Stellen in unserem Staat, die die Wirtschaft zu organisieren haben, die volle Bedeutung der modernen Methoden erkannt und in der Industrie voll zum Einsatz gebracht wird. Auf der anderen Seite kann eine Publikation der Vorträge den Mathematikern selbst viele neue Anregungen geben und insbesondere für die jüngeren Mathematiker, die an verschiedenen Industriestellen tätig sind, bei denen die neuen Methoden noch nicht voll Eingang gefunden haben, eine Ermunterung sein, sich mit voller Energie und Arbeitskraft für die Einführung dieser wirksamen Methoden einzusetzen.

Damit möchte ich schließen und Ihnen recht herzlich für Ihre Teilnahme und Ihre Mitarbeit auf dieser Konferenz danken.

FSC
www.fsc.org
MIX
Papier | Fördert
gute Waldnutzung
FSC® C083411

Kolibri 360 GmbH
Ferdinand-Jühlke-Straße 7
99095 Erfurt, Deutschland
produktsicherheit@kolibri360.de